Schriften der Arbeitsgemeinschaft
Deutscher Betriebsingenieure · Band IV

Spanlose Formung

Schmieden, Stanzen, Pressen, Prägen, Ziehen

Bearbeitet von

Dipl.-Ing. M. Evers, Dipl.-Ing. F. Großmann
Dir. M. Lebeis, Dir. Dr.-Ing. V. Litz
Dr.-Ing. A. Peter

Herausgegeben von

Dr.-Ing. V. Litz

Betriebsdirektor bei A. Borsig G. m. b. H.
Berlin-Tegel

Mit 163 Textabbildungen
und 4 Zahlentafeln

Springer-Verlag Berlin Heidelberg GmbH

1926

ISBN 978-3-662-31863-8   ISBN 978-3-662-32690-9 (eBook)
DOI 10.1007/978-3-662-32690-9

Alle Rechte, insbesondere das der Übersetzung
in fremde Sprachen, vorbehalten.

© Springer-Verlag Berlin Heidelberg 1926
Ursprünglich erschienen bei Julius Springer in Berlin 1926
Softcover reprint of the hardcover 1st edition 1926

Vorwort.

In der Schriftenreihe der Arbeitsgemeinschaft deutscher Betriebsingenieure legen wir hiermit den 4. Band vor, der sich auf eine Vortragsreihe stützt, die im Winter 1923/24 in der Ortsgruppe Berlin gehalten wurde. Die Arbeitsgemeinschaft hat damit ein Gebiet beschritten, das gegenüber der spanabhebenden Formung, der die ersten 3 Bände ihrer Schriftenreihe gewidmet sind, bislang eine verhältnißmäßig seltene Behandlung erfahren hat. Sicherlich viel zu selten für die außerordentliche Bedeutung, die die spanlose Formung in der Technik besitzt.

Das Ziel jener Vortragsreihe war nun nicht, etwa über Vorgänge der spanlosen Formung wissenschaftlich bedeutungsvolle Erkenntnisse herauszuarbeiten und die Klärung bisher noch nicht genügend erforschter Fragen herbeizuführen. Es galt vielmehr nur, für die große Menge der Betriebsbeamten den Grund und Boden zu schaffen, von dem aus ihnen ein besseres Verständnis der Vorgänge in der spanlosen Formung möglich ist. So verzichteten denn auch sämtliche Vortragenden auf wissenschaftliche Gründlichkeit und zogen es statt dessen vor, einzelnes Beispielmaterial aus der Praxis heranzuziehen, das namentlich durch seine bildlichen Darstellungen besser als langatmige theoretische Erörterungen geeignet ist, das Verständnis gerade derjenigen Kreise zu fordern, für die jene Vortragsreihe in erster Linie bestimmt war.

Wir hoffen, daß die Mitglieder der Arbeitsgemeinschaft deutscher Betriebsingenieure und darüber hinaus der weite Kreis der Fachgenossen beim Lesen dieses Buches so manche Anregung schöpfen kann und so zur Weiterausbildung des einen oder anderen der behandelten Fertigungsverfahren veranlaßt wird. Sollte das Buch ferner dazu beitragen, das Verständnis für die Vorteile, die die spanlose Formung in wirtschaftlicher Hinsicht bietet, zu fördern und die Bedingungen zu ihrer erfolgreichen Anwendung in immer steigendem Maße einführen zu helfen, so wäre der Zweck, der mit der Zusammenfassung und Veröffentlichung der damaligen Vorträge verfolgt wird, erreicht.

Besonders gedacht sei an dieser Stelle den Firmen, die dem Herausgeber und seinen Mitarbeitern das Material für die Vorträge und Abbildungen zur Verfügung gestellt und dadurch in nicht geringem Maße zum Gelingen der Vorträge beigetragen haben. In gleicher Weise aber sei auch dem Verlage gedankt, der, wie in den vorhergehenden Bänden der Schriftenreihe, so auch jetzt wieder sein Bestes hinsichtlich der Ausstattung des Buches gegeben hat.

Berlin, Dezember 1925. **V. Litz.**

Inhaltsverzeichnis.

Das Pressen von Nichteisen-Metallen. Von Dr.-Ing. A. Peter.

Prägen und Ziehen. Von Direktor M. Lebeis.

Das Freiformschmieden.

Von Betriebsdirektor Dr.-Ing. V. Litz.

Einleitung.

Unter Schmieden versteht man im allgemeinen die Bearbeitung von Metall in knetbarem Zustande. Da nicht alle Metalle knetbar sind oder durch erhöhte Temperatur in knetbaren Zustand gebracht werden können, so kann man die Metalle in „schmiedbare" und „nicht schmiedbare" unterscheiden. Die Schmiedbarkeit ist abhängig von der Eigenschaft des Metalles, eine gewaltsame Verschiebung seiner Moleküle in kaltem oder warmem Zustande in möglichst weiten Grenzen zuzulassen, ohne daß die Kohäsion verringert wird.

Von den schmiedbaren Metallen beansprucht im Freiformschmieden Eisen und Stahl unser Hauptinteresse; das Schmieden anderer Metalle ist im Verhältnis dazu für unsere Betrachtungen nur von untergeordneter Bedeutung.

Die Schmiedbarkeit des Eisens ist um so besser, je reiner das Eisen ist, und ist im besonderen abhängig von dem Kohlenstoffgehalt. Das Eisen läßt sich nur mit einem Kohlenstoffgehalt, der zwischen 0,04 und 1,6 vH schwankt, schmieden. In der Praxis wird Eisen mit einem Kohlenstoffgehalt, der diesen äußersten Grenzen entspricht, nicht verwendet. Das für Schmiedezwecke benutzte weichste Flußeisen hat im allgemeinen einen Kohlenstoffgehalt der untersten Grenze von 0,1 und Flußstahl an der oberen Grenze von 0,8 bis 1,0 vH — mit Ausnahme von einigen Werkzeugstählen, deren Kohlenstoffgehalt etwas höher ist.

Weitere Bestandteile des Eisens, die auf die Verwendbarkeit — auf die Schmiedbarkeit und Schweißbarkeit — von Einfluß sind, sind hauptsächlich Mangan, Silizium, Phosphor und Schwefel. Besonders interessiert uns der Gehalt an Phosphor und Schwefel; beide sollen im allgemeinen 0,05 vH nicht überschreiten, da sonst im ersteren Falle das Eisen kaltbrüchig, im zweiten Falle rotbrüchig wird.

Die Schweißbarkeit ist außer von dem Kohlenstoffgehalt auch noch in hohem Maße von dem Siliziumgehalt abhängig. Wie sehr das Silizium die Schweißbarkeit beeinflußt, geht schon daraus hervor, daß ein an Kohlenstoffgehalt armes Eisen, das sich sonst sehr gut schweißen läßt, bei einem Siliziumgehalt von ca. 0,1 vH wesentlich in seiner Schweißbarkeit beeinträchtigt wird.

Außer dem Silizium erschweren auch noch Zusätze von Nickel, Chrom und Wolfram die Schweißbarkeit des Eisens.

Da man jedoch in der Praxis häufig den Silizium-Zusatz unbedingt zur Erzeugung eines dichten, blasenfreien Materials braucht, so ist eben eine gute Schweißbarkeit nur von einem weichen Material mit höchstens ca. 45 kg Festigkeit zu erreichen. Man hüte sich daher, Material von höherer Festigkeit zuverlässig schweißen zu wollen.

Auch die Erwärmungstemperatur des Eisens ist von größter Wichtigkeit, und es muß beim Erwärmen sehr vorsichtig zu Werke gegangen werden, damit das Eisen nicht überhitzt wird und verbrennt. Bekanntlich nimmt die Festigkeit des Eisens mit zunehmender Temperatur ab und die zum Verschmieden aufzuwendende Arbeit wird bei hoher Temperatur erleichtert. Dies zwingt dazu, das Eisen zum Verschmieden möglichst hoch zu erhitzen, jedoch darf es dabei nicht überhitzt werden. Die zum Schmieden erforderlichen Temperaturen, die hauptsächlich auch wieder vom Kohlenstoffgehalt des Eisens abhängen, bewegen sich etwa zwischen 900° und 1200°.

I. Erhitzungseinrichtungen.

1. Schmiedefeuer. Um das Eisen auf die erforderliche Temperatur zu bringen, bedient man sich — je nach Art und Größe der zu schmiedenden Stücke — der verschiedensten Einrichtungen:

Für kleine Handschmiedestücke kommt hauptsächlich das einfache Schmiedefeuer, das sogenannte „Handfeuer", in Frage, welches zu allgemein bekannt ist, um hier nähere Ausführungen zu erfordern.

In größeren Betrieben wendet man hierfür vorteilhaft das sogenannte „Doppelfeuer" an (Abb. 1), wobei in modernen Werkstätten der in Hauben abgefangene Rauch nach unten durch einen Ventilator abgesaugt wird.

Zum Erwärmen oder zum Schweißen von größeren Stücken, wie z. B. Bodenringen, Rädern usw. bedient man sich sogenannter „Rundfeuer"; das sind offene Koksfeuer mit 2 bis 3 Windkanälen (Abb. 2). Diese Feuer haben den Nachteil, daß die Rauchgase sehr ungünstig auf die Arbeiter wirken. Die Absauge-Vorrichtung, die an dem Doppelfeuer Verwendung findet, läßt sich bei den Rundfeuern schon mit Rücksicht auf die großen, sperrigen Stücke, die im allgemeinen erhitzt werden, schlecht anbringen.

2. Wärmeöfen. Seit Anfang dieses Jahrhunderts ist man auch für mittlere Schmiedestücke dazu übergegangen, an Stelle von offenen Koksfeuern große Wärmeöfen, worin mehrere Stücke gleichzeitig erwärmt werden, zu benutzen. Um den Nachteil der Schmiedeöfen, der in der geringen Wärmeausnutzung besteht, möglichst auszugleichen, bildet man in neuerer Zeit diese Öfen als „Regenerativöfen" und „Rekuperatoröfen" aus, die vorteilhaft auch noch mit „Abhitzekesseln" versehen werden.

In einer Hammerschmiede sind neben den bereits erwähnten Öfen mit offenem Herdfeuer, die natürlich sehr unwirtschaftlich arbeiten,

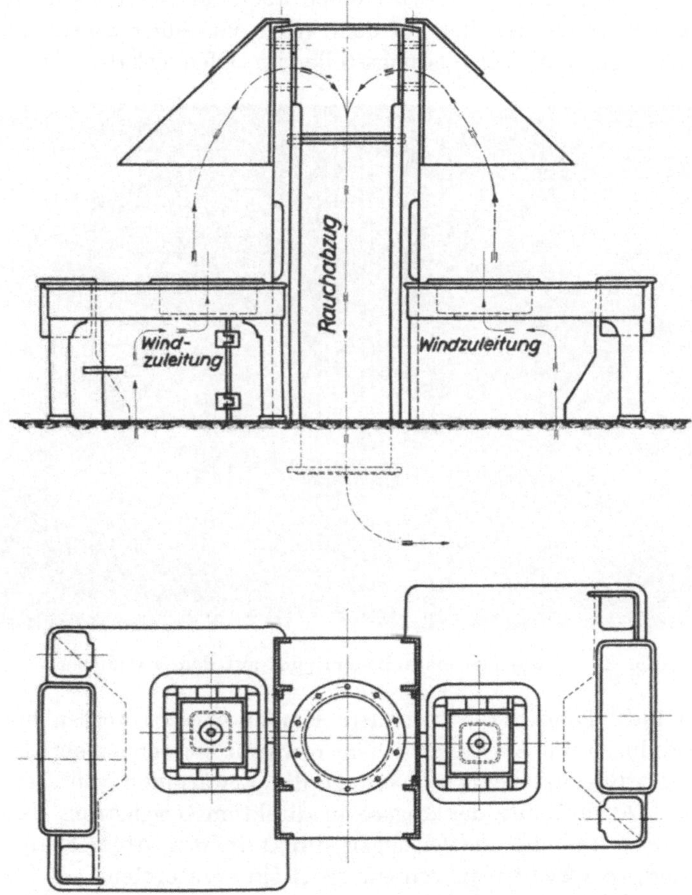

Abb. 1. Doppelschmiedeherd mit unterirdischer Rauchabsaugung.

Wärmeöfen vorhanden, die mit Kohle direkt beschickt werden, ohne weitere Ausnutzung der Wärme der Abgase zur Vorwärmung der Verbrennungsluft.

Eine weitere Form der Wärmeöfen in der Hammerschmiede entsteht dadurch, daß man den Ofen nicht direkt mit Kohle beschickt, sondern vor dem Ofen einen für diesen Ofen allein bestimmten Gene-

rator vorsieht, der aus der zugeführten Kohle zunächst Gas zum Betrieb des Ofens erzeugt. Einen solchen Ofen nennt man einen Wärme-
ofen mit Halbgas-Feuerung. Diese Öfen arbeiten schon bei weitem
wirtschaftlicher als die beiden erstgenannten.

In modernen Hammerschmieden ging man zur Verbesserung des
Verbrennungsvorganges und wirtschaftlichen Gestaltung desselben
dazu über, die Abhitze der Wärmeöfen auch für die Vorwärmung des
Gases auszunutzen, welches auf dem Wege von einer zentralen Gene-
ratoranlage bis zur Verwendungsstelle am Ofen erkaltet ist. Wenn

Abb. 2.　Anwärmen eines Bodenringes auf dem Rundfeuer.

Gas und Luft dabei durch besondere Kanäle geleitet werden und ab-
wechselnd durch die Abgase des Ofens erwärmt werden, so spricht man
von einem „Regenerativofen“, erfolgt die Erwärmung von Gas bzw.
Luft durch Ausnutzung der Abgase in direktem Gegenstrom, bei dem
also die Gas- und die Luftleitungen direkt in den Abhitzekanal eingebaut sind, so spricht man von einem „Rekuperatorofen“. Bei beiden
Ofensystemen nutzt man außerdem vorteilhaft die Abhitze der Abgase zur Beheizung eines über dem Ofen befindlichen Kessels und zur
Dampferzeugung in diesem Kessel aus, und der erzeugte Dampf dient
zum Betrieb der Dampfhämmer.

Es ist hier vielleicht von Interesse, einige allgemeine Ausführungen
über die Kohlenausnützung in einer Hammerschmiede überhaupt
zu machen; es liegen hierfür allerdings recht wenige und dann noch
nicht absolut zuverlässige Angaben vor. Es scheint aber im allgemeinen

wenig bekannt zu sein, daß der Wirkungsgrad einer Hammerschmiede in thermischer Hinsicht ganz außerordentlich gering ist, wenn man die aufgewendeten Kohlenmengen für alle in der Hammerschmiede befindlichen Öfen in ein Verhältnis setzt zum Einsatz und zur Ausbringung in Tonnen-Schmiedestücken. Der Wirkungsgrad beträgt, auf den Einsatz bezogen: 5—7 vH, auf die Ausbringung der Hammerschmiede in Tonnen bezogen: höchstens 14—17 vH. Es erscheint daher angebracht, gerade in einer Hammerschmiede alles zu tun, um diese außerordentlich schlechten Wirkungsgrade zu verbessern. Die Schmiede-Fachleute sind sich durchaus nicht im klaren, noch weniger aber darüber einig, welches die besten Öfen und die beste Art der Ausnutzung ist. Der Streit darüber, ob man die Wärme der Rauchgase zum Betrieb von Abhitzekesseln verwenden soll oder ob die Abgastemperatur möglichst niedrig gehalten und in erster Linie zur Erwärmung der Schmiedestücke ausgenutzt werden soll, geht nach wie vor weiter. Die Angaben über die Rauchgas-Temperatur der einzelnen bekannten Ofensysteme schwanken zwischen 300 und 700°. Nach unseren Beobachtungen wird sie wohl meist — mit Ausnahme des Siemens-Ofens — zwischen 600 und und 700° liegen, und es erscheint daher das gegebene, diese Abgastemperatur auf alle Fälle in Abhitzekesseln weiter auszunutzen, da man auf diese Weise weitere 25—30 vH der aufgewendeten Wärme erspart.

Als Beispiel moderner Schmiedeöfen kann dienen der Schmiedeofen mit Halbgasfeuerung und eingebautem Abhitzekassel (Abb. 3) und der Regenerativofen mit Generator-Gasfeuerung und Abhitzekessel, welcher von einer zentralen Generator-Gasanlage aus betrieben wird (Abb. 4).

Die Ansichten über die Vorteile und die Nachteile der einzelnen Ofensysteme sind noch sehr geteilt. Nach unseren Erfahrungen haben sich die Öfen mit Halbgasfeuerung und Abhitzekesseln, ferner die „Regenerativöfen" und auch der „Rekuperatorofen" gut bewährt und unter Berücksichtigung der Dampferzeugung im Abhitzekessel einen Wirkungsgrad von 66 vH ergeben (wobei der „Rekuperatorofen" mit Luftvorwärmung der günstigste ist).

Im übrigen kann noch sehr viel auf dem Gebiet der Wärmeausnutzung in einer Schmiede getan werden, und im Interesse der Volkswirtschaft sollte dies auch erfolgen.

Für ganz große Schmiedestücke, wie z. B. Turbinentrommeln und Turbinenscheiben, die auf einmal ganz erwärmt werden müssen und mit den üblichen Transportmitteln und Hebezeugen nicht herauszuholen sind, verwendet man Öfen mit ausfahrbarem Herd (Abb. 5)

3. Glühöfen. In Verbindung mit vorgenannten Wärmeöfen seien gleich die Glühöfen erwähnt, die zum nachträglichen Ausglühen der fertigen Schmiedestücke bestimmt sind. In früheren Jahren waren

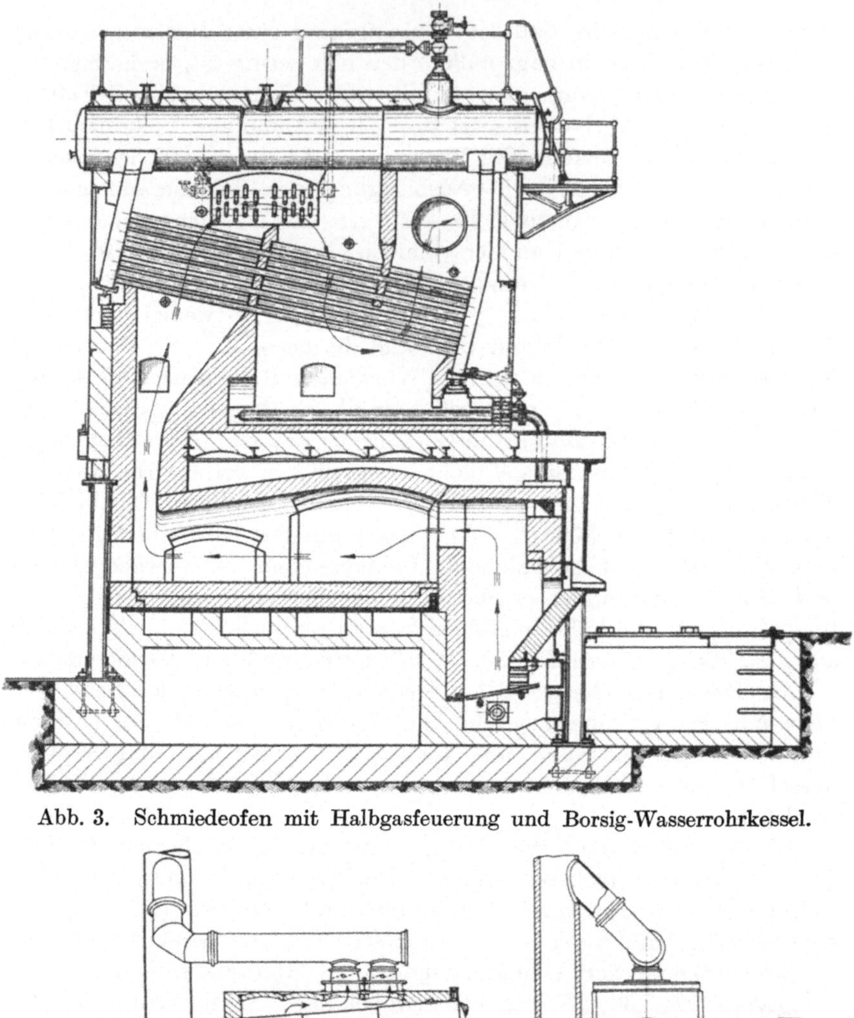

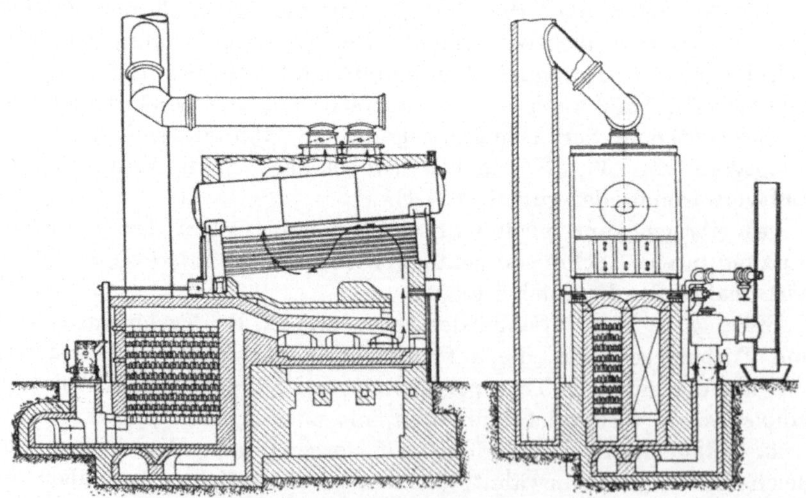

Abb. 3.   Schmiedeofen mit Halbgasfeuerung und Borsig-Wasserrohrkessel.

Abb. 4.   Abhitzekessel eines Regenerativofens mit Generator-Gasfeuerung.

die Glüheinrichtungen für fertige Stücke nicht so vorteilhaft ausge-
baut und erst in letzter Zeit wird mehr Wert auf ein sorgfältiges Ausglühen der geschmiedeten Stücke gelegt. Man sollte möglichst alle größeren Schmiedestücke vor der weiteren Bearbeitung glühen, um alle Spannungen herauszubekommen und das Material auf die vorgeschriebene,

Abb. 5. Ofen mit ausfahrbarem Herd.

ursprüngliche Festigkeit und Dehnung zu bringen, die durch das Schmieden meistens verändert und überschritten wird. Besonders die hoch-
beanspruchten Schmiedestücke, wie Kurbelwellen, Turbinenscheiben,
Rotorkörper usw. müssen meistens neben sorgfältiger Wärmebehand-
lung durch Glühen zur Erreichung der erforderlichen Festigkeit, Deh-
nungen und Kerbzähigkeit noch einem Vergütungsprozeß unterworfen
werden, der darin besteht, daß die Stücke auf etwa 850° erwärmt
und im Wasser- oder Ölbade abgeschreckt werden. Da hierbei in den
Schmiedestücken meistens Spannungen entstehen, müssen diese noch
durch Nachglühen — sogenanntes „Nachlassen" — beseitigt werden.

II. Werkzeuge und Hilfsmittel zum Schmieden.

Nachdem wir nun die Hilfsmittel zur Erhitzung der Schmiedestücke kennen gelernt haben, wollen wir zum Schmieden selbst übergehen.

Dies besteht darin, daß das auf die richtige Temperatur erhitzte Metall zwischen Hammer und Amboß bearbeitet wird. Durch das Gewicht des Hammers, der das Schmiedestück mit einer gewissen Geschwindigkeit berührt, und durch die Gegenwirkung des feststehenden Ambosses wird eine Verschiebung der Moleküle des zwischen Hammer und Amboß befindlichen Metalles bewirkt, sodaß das Metall im Augenblick des Schlages fließt. Die Arbeit des Schmiedes und seine Kunst liegt dabei darin, das Fließen des Metalles so zu regeln, daß die gewünschte Form entsteht.

Das Schmieden selbst zerlegt man — wenigstens soweit es in der Fertigungstechnik eine Rolle spielt — in zwei Arten von grundlegendem Unterschiede, und zwar: in das „Freiformschmieden" und in das „Gesenkschmieden". Das Freiformschmieden besteht darin, daß das Material nur durch Schlagen mit dem Hammer — ganz gleichgültig, ob dieser Hammer durch Menschenkraft oder mechanisch betätigt wird — zu dem Schmiedestück von der vorgeschriebenen Form ausgebildet wird, wenn auch unter Zuhilfenahme gewisser anderer Werkzeuge.

Im Gegensatz dazu steht das Gesenkschmieden, bei dem die endgültige Form des Schmiedestückes durch Schlagen oder Pressen des Materials in ein entsprechend ausgebildetes Formstück — „Gesenk" genannt — erreicht wird. Die Schwierigkeit dieses Schmiedens besteht in der richtigen Durchbildung und Ausführung der Gesenke, während das eigentliche Schmieden unter dem Fallhammer oder Dampfhammer vielfach durch ungelernte Arbeiter ausgeführt werden kann, da es an die Handfertigkeit des Ausführenden keine besonderen Anforderungen stellt.

Diese zweite Art des Schmiedens soll jedoch zunächst nicht Gegenstand unserer Betrachtungen sein, sondern nur das „Freiformschmieden".

Die Kunst des Handschmiedens ist uralt und galt, da sie vorzugsweise zur Anfertigung von Waffen und Rüstungen angewandt wurde, bei der kriegerischen Einstellung der alten Völker als vornehmstes Handwerk, das auch eines Gottes nicht unwürdig ist. Erst von dem Augenblick an, wo es dem Menschen gelang, Bronze — und später Eisen — zu gewinnen und zu schmieden, kann man von dem Anfang einer Kultur überhaupt sprechen. Doch wir wollen hier nicht der sagenhaften Schmiedekunst eines Vulkan, eines Mime oder Wieland, deren Bedeutung durch die hervorragendsten Dichter genügend besungen ist, nachgehen, (auch die hohe Schmiedekunst des Mittelalters übergehen) sondern den heutigen Stand des Freiformschmiedens in der Technik betrachten.

1. Handwerkzeuge. Die eigentliche Handschmiederei erfordert sehr wenige und einfache Handwerkzeuge. Mit einigen Zangen und

Hämmern verschiedener Art und Gewichte (Abb. 6) wird in der reinen Handschmiederei noch heute genau so gearbeitet wie in früheren Jahrhunderten.

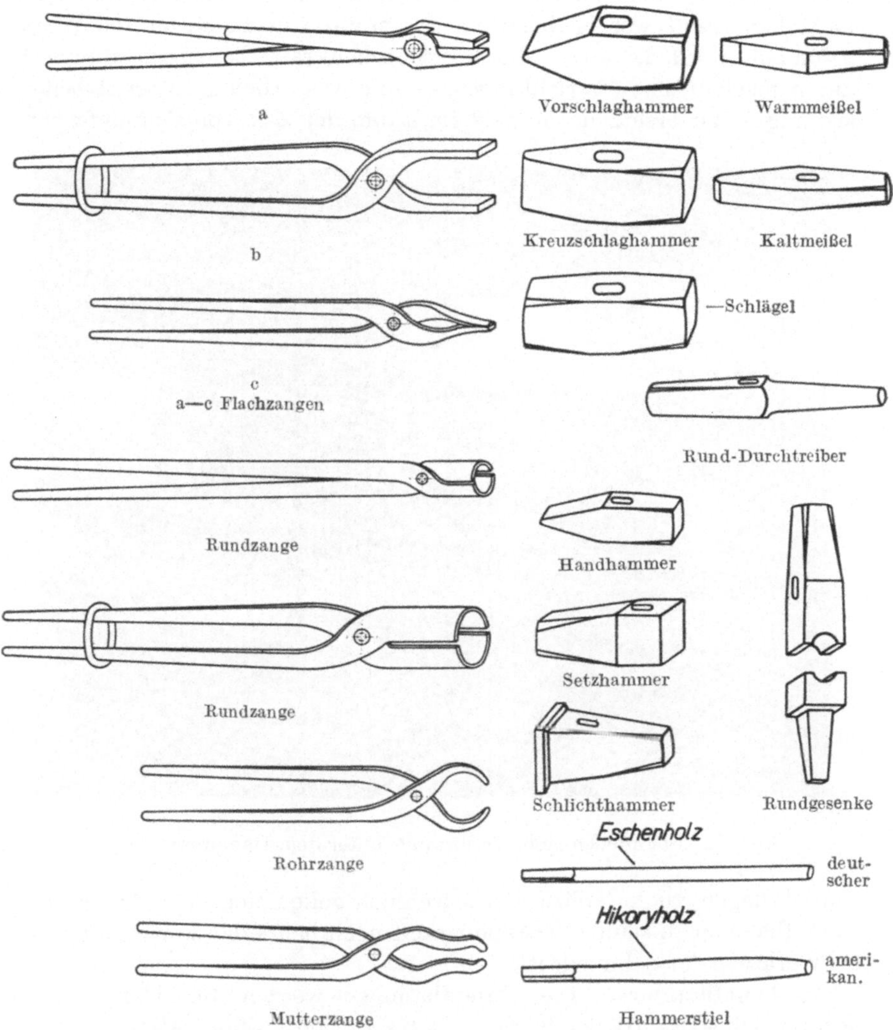

Abb. 6. Schmiedewerkzeuge für freies Formschmieden.

Auf dem Bild sind ersichtlich die grundlegenden Werkzeuge, wie Flachzangen, Rundzangen, die verschiedenen Arten der Hämmer, die hinsichtlich ihrer Größe gegebenenfalls dem besonderen Verwendungszweck angepaßt werden müssen.

Mit der fortschreitenden Entwickelung, die die Technik im vergangenen Jahrhundert, — und besonders in neuerer Zeit —genommen hat, wurden auch die benötigten Schmiedestücke immer größer, so daß sie allein durch die Körperkraft des Schmiedes und seiner Helfer nicht mehr hergestellt werden konnten. Es mußten daher Mittel und Wege gefunden werden, diese durch Menschenkraft bewegten Hämmer durch mechanische Einrichtungen — mit wesentlich größerer Arbeitsleistung — zu ersetzen. Man ist im Laufe der Zeit von sehr einfachen

Abb. 7.   Schmieden einer Treibstange unter dem Dampfhammer.

Einrichtungen zu komplizierten Maschinen gekommen, von denen der Dampfhammer in seiner Verwendbarkeit noch heute das weitverbreitetste Werkzeug der Schmiede ist.

2. Dampfhammer. Die Dampfhämmer werden für kleine Leistungen mit etwa 100 kg Bärgewicht bis zu den größten Abmessungen mit ca. 15000 kg Bärgewicht gebaut. Die kleineren Hämmer werden meist einständig ausgeführt, wie in Abb. 7 ersichtlich, die großen doppelständig wie Abb. 8 darstellt. In den Hammerschmieden wird die Größe des Hammers heute noch vielfach durch Zentner-Bärgewicht bezeichnet.

Die Steuerung des Dampfhammers hat im Laufe der Zeit eine hohe Vervollkommnung erfahren; indem man teils mit Ober- oder Unterdampf, teils mit oder ohne Expansion arbeitet, beherrscht man zudem die Stärke des Schlages vom schwersten bis zum leichtesten Schlage derart, daß die mit dem Dampfhammer hergestellten Schmiedestücke bei

Abb. 8.   40 Ztr.-Hammer.

genügender Kunstfertigkeit des Schirrmeisters eine weitere Bearbeitung auf maschinellem Wege in vielen Fällen gar nicht mehr erfordern. Hierdurch gewinnt das Schmieden in der heutigen Zeit der hohen Materialpreise erhöhte Bedeutung. Die Nachteile des Dampfhammers bestehen hauptsächlich darin, daß er einmal von dem Vorhandensein einer

Dampfanlage abhängig ist, zweitens, daß der Dampfverbrauch trotz
aller Vervollkommnung, noch verhältnismäßig hoch ist. Der letztere
Mangel ist dadurch gegeben, daß infolge der Verschiedenheit der Fül-
lungen und der dauernden Betriebsunterbrechungen die Zylinder-
Kondensation und die Kondensation in den Rohrleitungen ziemlich

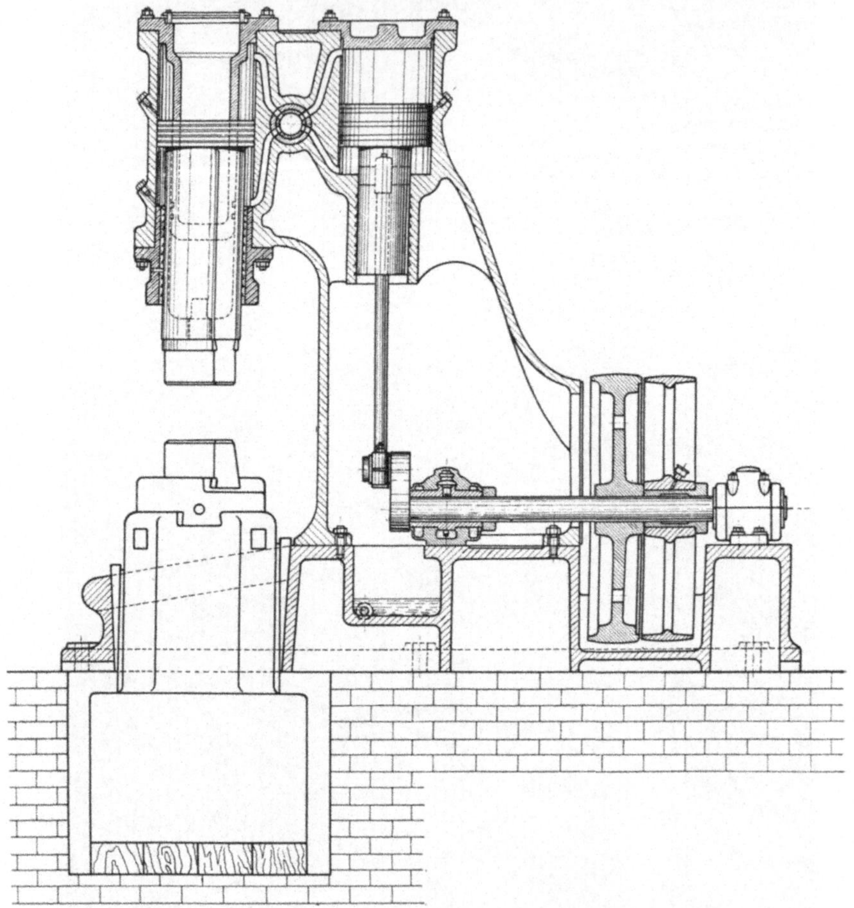

Abb. 9. Lufthammer, System „Vulkan", und Fallhammer.

beträchtlich ist; man kann die Verluste nur dadurch einigermaßen
wieder einbringen, daß man das Kondensat zur Kesselspeisung verwendet und den Abdampf zu Heizzwecken benutzt oder in einem
Niederdruckdampfspeicher sammelt und dann die im Abdampf ent-
haltene Energie in einer Dampfturbine weiter ausnutzt. Die Aufstellung einer besonderen Dampfkesselanlage hat man zum Teil dadurch ausgleichen können, daß man die Wärmeöfen mit Abhitzekesseln

versieht, wodurch neben der Erzeugung des Dampfes auch gleichzeitig der Wirkungsgrad des Wärmeofens (wie erwähnt) ganz erheblich heraufgesetzt wird. Diese Einrichtungen kommen gerade bei größeren Betrieben voll zur Geltung und deshalb wird man bei großen Schmieden vorzugsweise noch Dampfhämmer im Gebrauch sehen. Bei kleineren Betrieben ist der Dampfhammer für Freiformschmieden in neuerer Zeit vielfach durch den Lufthammer oder den Fallhammer verdrängt worden.

3. Luft- und Fallhammer. Wie aus der Abb. 9 hervorgeht, erzeugt sich der von einer Transmission oder einem Elektromotor ange-

Abb. 10. Hydraulische Presse, 2000 t Preßdruck.

triebene Hammer durch einen eingebauten Kompressor die erforderliche Preßluft selbst. Die Vervollkommnung dieser Lufthämmer war in den letzten Jahren sehr bedeutend, so daß die Lufthämmer wirtschaftlich den Dampfhämmern — soweit keine Abdampfverwertung besteht — überlegen sind. Die Lufthämmer werden jetzt bis zu einem Bärgewicht von 500 kg gebaut, sodaß man auch schon Schniedestücke ansehnlicher Größe mit ihnen herstellen kann. Das Hauptarbeitsgebiet des Lufthammers liegt aber immer noch bei den mittleren und kleineren Stücken.

Zu erwähnen wäre weiter noch an mechanischen Schmiedeeinrichtungen der Federhammer, der besonders für kleine Teile und leichte

Schläge von gleichmäßiger Stärke in Frage kommt, z. B. zum Strecken von Werkzeugstahl; sowie der **Fallhammer.** Der letztere kommt jedoch hauptsächlich in der Gesenkschmiederei zur Anwendung.

4. Hydraulische Pressen. Durch die zunehmende Größe der Schmiedestücke, speziell mit dem Wachsen des Großmaschinen- und Schiffbaues, reichen auch die gebräuchlichen Dampfhammeranlagen nicht mehr aus und man verwendet in diesem Falle hydraulische Pressen, die man bis zu den größten Leistungen — bis über 10000 t Preßdruck — ausgebildet hat. Es würde zu weit führen, auf die verschiedenen Arten der Pressen und die Anwendungsgebiete näher einzugehen. Es genügt wohl, kurz darauf hinzuweisen, daß man die Pressen in reinhydraulische und dampf- bzw. lufthydraulische Pressen unterscheidet.

Die Abb. 10 stellt eine große dampfhydraulische Schmiedepresse dar für 2000 t Preßdruck. Links auf der Abb. befindet sich neben der Steuerungsbühne für die Presse, von der aus auch gleichzeitig der zugehörige Schmiedekran gesteuert wird, der Dampfdruckübersetzer, der noch getrennt in der Abb. 11 wiedergegeben ist. In der Abb. 12

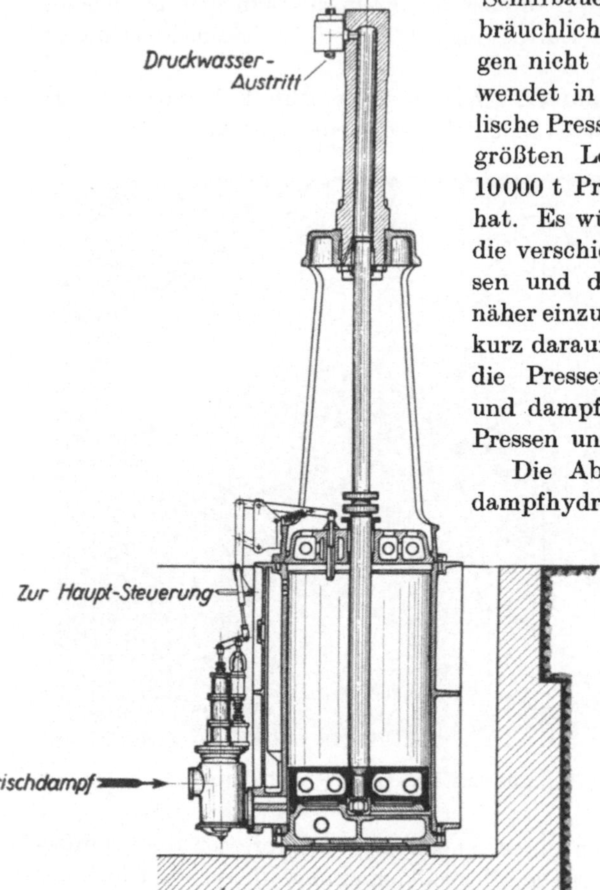

Abb. 11. Dampfdruckübersetzer.

ist eine reinhydraulische Presse mit Schiebetisch dargestellt. Dieser dient dazu, das Aus- und Einbauen von Amboß und Werkzeugen leichter bewerkstelligen zu können. Bei dem einem System wird das Preßwasser von einer Pumpe erzeugt und — meist unter Einschaltung eines Akkumulators — der Presse zugeführt, während bei dem anderen der erforderliche Preßdruck durch Umwandlung von

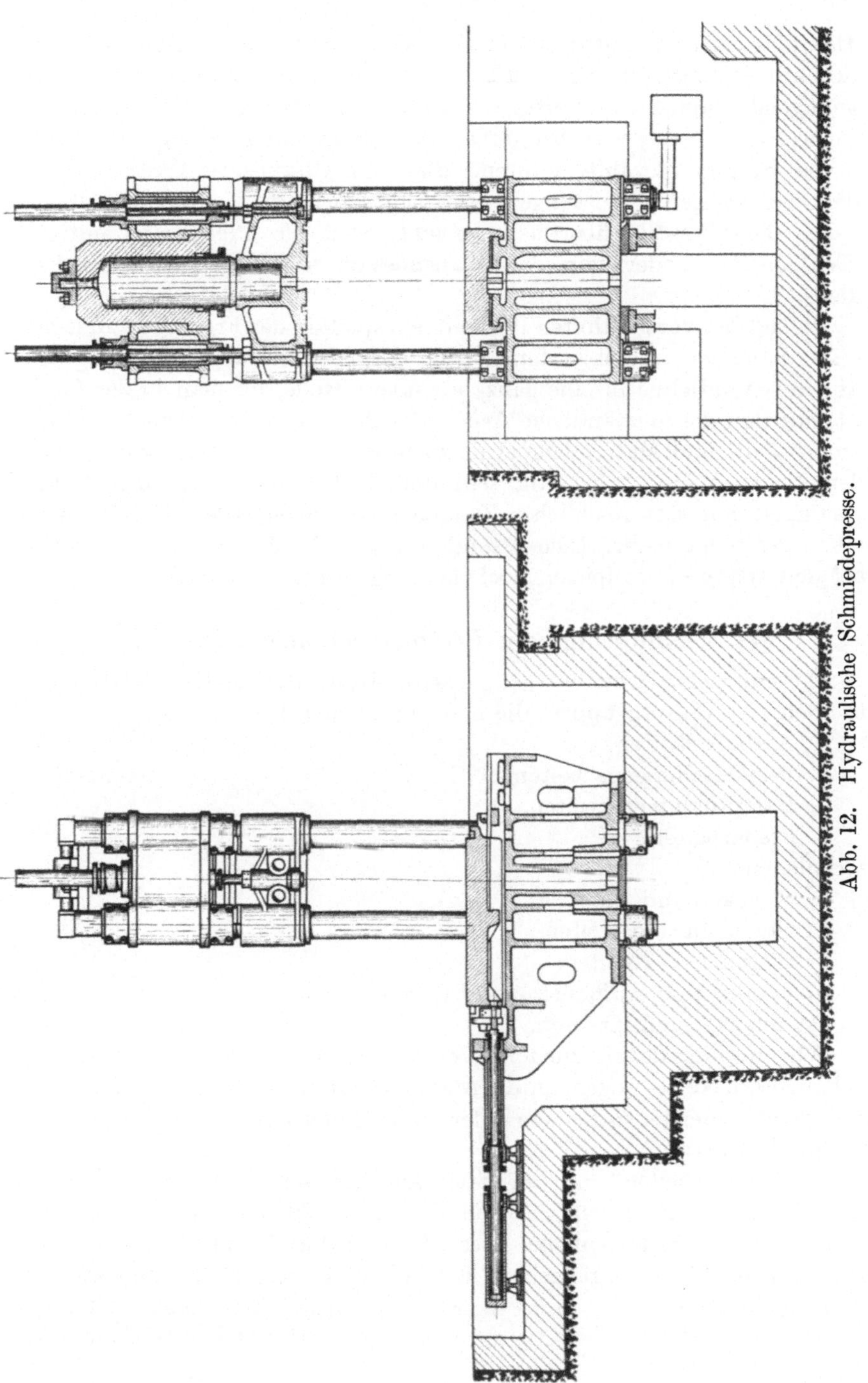

Abb. 12. Hydraulische Schmiedepresse.

Dampfdruck bzw. Luftdruck in Druckwasser im sogenannten „Dampfdruckübersetzer" erzeugt wird. In größeren Schmiedebetrieben, wo genügend Dampf zur Verfügung steht, und der Abdampf möglichst Verwertung findet, wird bei großen Pressen meistens das dampfhydraulische System gewählt, während die reinhydraulische Presse besonders bei kleineren Leistungen bevorzugt wird, da sie die Aufstellung eines Dampfkessels überflüssig macht, weil die Preßpumpe mittels Elektromotors oder von der Transmission aus angetrieben werden kann.

Neben den vorerwähnten Hilfsmitteln spielt in der Freiformschmiederei — besonders in den letzten Jahren — die Anwendung des Autogen-Schneidverfahrens eine ganz besondere Rolle, da man in der Lage ist, mit ihm die umständliche Arbeit des Aushauens und Abhauens mit großer Zeit- und Materialersparnis zu umgehen. Jedoch muß man mit dem Brennen sehr vorsichtig sein und darf Material von über 45 kg Festigkeit nur mit reichlicher Zugabe ausbrennen; über 50 kg besser schon gar nicht mehr. (Die besonderen Vorteile des Brennens werden bei den späteren Beispielen noch hervorgehoben werden.)

III. Ausführung von Freiformschmiedearbeiten.

Die einzelnen Arbeitsvorgänge beim Freiformschmieden, und zwar in allen vier Hauptgruppen, die man unterteilen kann in

1. Amboßarbeiten,
2. Winkelschmiedearbeiten,
3. Dampfhammerarbeiten,
4. Preßarbeiten,

zerfallen in:

a) Strecken und Absetzen,
b) Stauchen und Nieten,
c) Biegen und Richten
d) Lochen und Aufhauen sowie Dornen,
e) Abhauen und Kreuzen.

Wir wollen dabei zunächst einige Beispiele kleiner, einfacher Schmiedestücke — sogenannte „Amboßarbeiten" — bringen, die von einem Schirrmeister mit einem (oder zwei) Helfern am Feuer ausgeführt werden können:

1. Amboßarbeiten. a) Der Splintkeil (in seiner Ausführung auf Abb. 13 oben dargestellt) ist ein Keil von 120 mm Länge, 12 mm Breite und 28 mm Nasenhöhe. Dieser Keil wird in den in der Abbildung gezeigten 6 Arbeitsvorgängen in der Schmiede hergestellt, und zwar:

in Arbeitsvorgang 1 ist der sogenannte „Rohling" ein rechteckiges Flacheisenstück, das auf der Schere von der Stange geschnitten und im gewöhnlichen Schmiedefeuer erwärmt wird;

in Arbeitsvorgang 2, bei welchem in der Abbildung links das Arbeitsstück mit der Zange festgehalten wird, erfolgt das Absetzen der Keilnase auf der Amboßkante;

in Arbeitsvorgang 3 wird die obere Fläche mit dem Halbrundsetzhammer abgerundet;

in Arbeitsvorgang 4 wird die Ecke mit dem Schrotmeißel abgehauen;

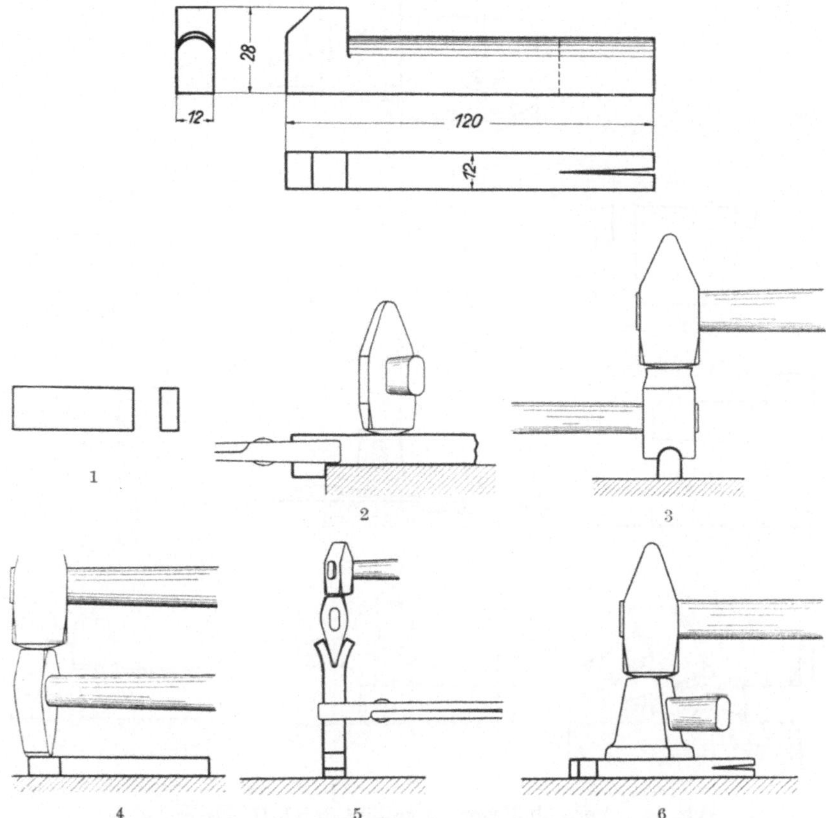

Abb. 13. Splintkeil, hergestellt durch Handschmieden.

in Arbeitsvorgang 5 Schlitz mit Schrotmeißel aufgehauen
und endlich in Arbeitsvorgang 6 der Keil mit dem Flachsetzhammer geglättet.

b) Die Verschlußfeder (Abb. 14) wird zum Verschließen von Wasserkästen an Lokomotiven benutzt.

In Arbeitsvorgang 1 wird ein Stück Federstahl — vorzugsweise Abfallstücke — zu einer Quadratplatte von 65 mm Seitenlänge und 10 mm Höhe ausgeschmiedet;

in Arbeitsvorgang 2 werden mit dem Schrotmeißel die Ecken ausgehauen;
in Arbeitsvorgang 3 erfolgt das Vorschmieden der Federzunge;

in Arbeitsvorgang 4 wird die Zunge beiderseitig an den entsprechenden Stellen eingekehlt;

in Arbeitsvorgang 5 wird das zwischenliegende Stück auf 2 mm Stärke abgeschmiedet;

in Arbeitsvorgang 6 wird die Zunge rechtwinkelig zum Fuß gebogen;

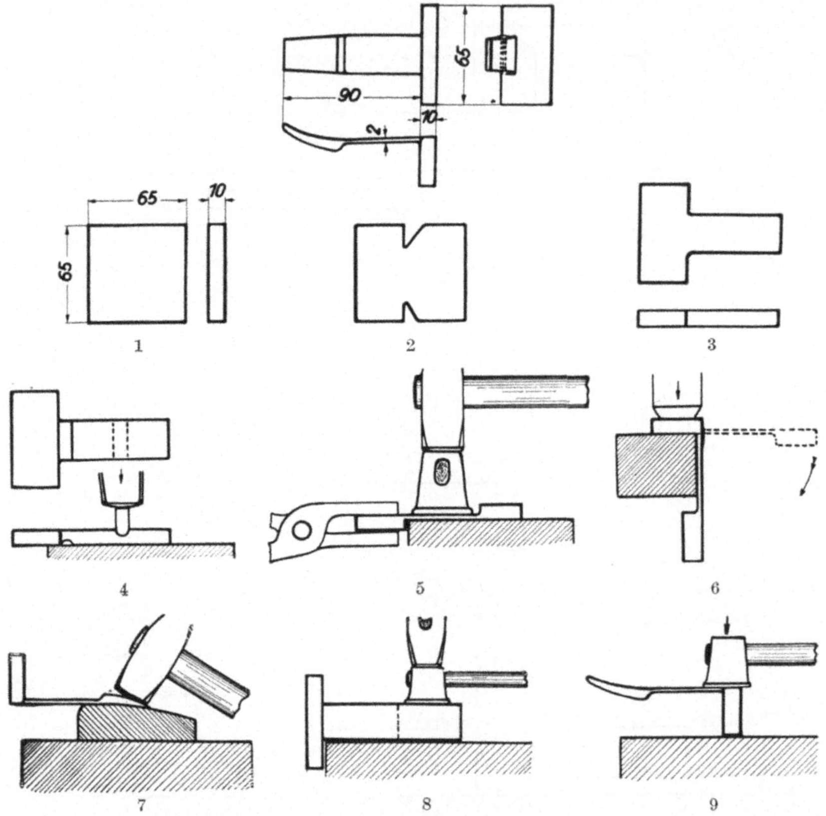

Abb. 14. Verschlußfeder, hergestellt durch Handschmieden.

in Arbeitsvorgang 7 wird die Griffstelle über einem Legeeisen gerundet;

in Arbeitsvorgang 8 wird die Breite der Zungen auf Maß geschmiedet;

in Arbeitsvorgang 9 wird die Biegungsstelle mit dem Setzhammer eingestaucht und das ganze Stück sauber gemacht.

c) In Abb. 15 handelt es sich um die Herstellung einer Seilkausche von ca. 25 mm Normaldurchmesser; Ausführung für eine Seilstärke von 25 mm (wie oben dargestellt), hergestellt in 8 Arbeitsvorgängen:

In Arbeitsvorgang 1: Herstellung des Rohlings durch Abschneiden von der Stange mittels der Schere und darauffolgendes Erhitzen;

in Arbeitsvorgang 2 wird das Flacheisen in Lage ausgeschärft und erhält dann die darüber befindliche Form;

in Arbeitsvorgang 3 werden die Enden ausgehauen, und es entsteht dann die darunter befindliche Form;

in Arbeitsvorgang 4 wird das Flacheisen in Lage gebogen, d. h. in ein kleines Gesenk — genannt „Lage" — gebracht und mittels eines darüber gelegten Halbrundeisens in die darunter befindliche Form gebogen;

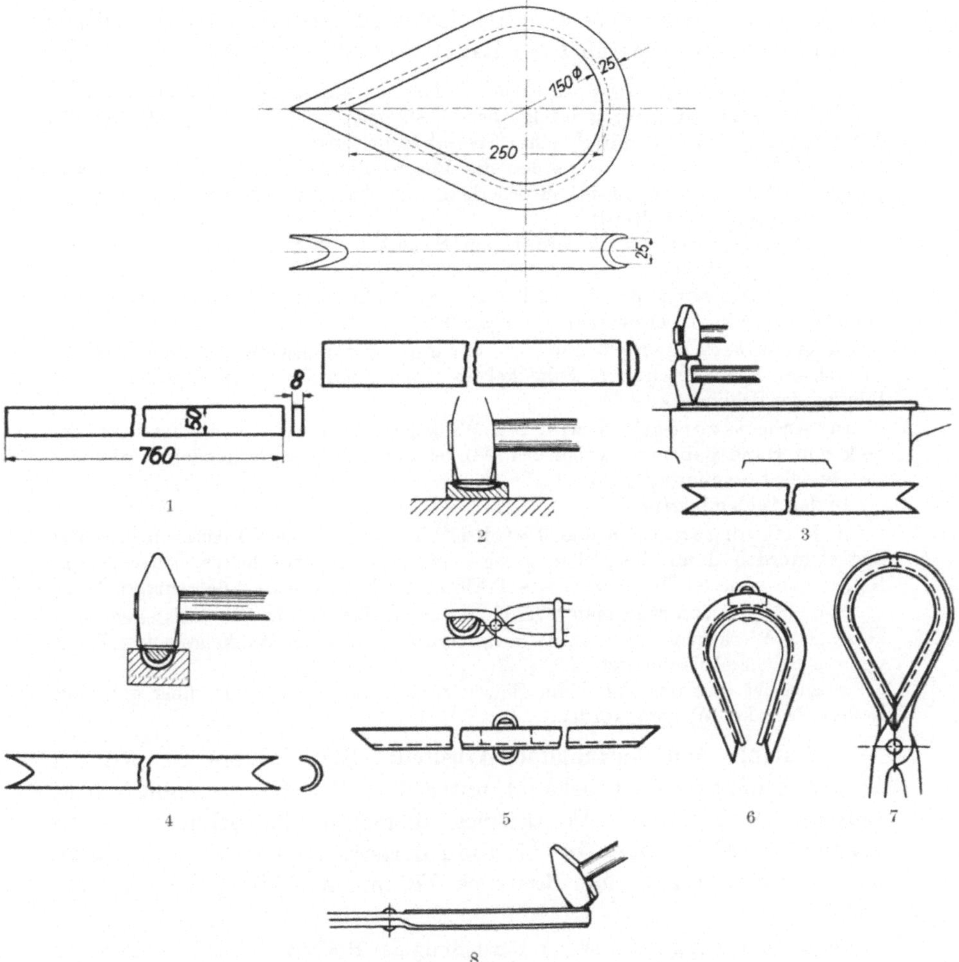

Abb. 15. Seilkausche, hergestellt durch Handschmieden.

in Arbeitsvorgang 5 wird das Werkstück mit Oberteil der Lage zusammengefaßt;

in Arbeitsvorgang 6 wird die Kausche über einem Flacheisenbügel vorgebogen;

in Arbeitsvorgang 7 mit der Spezialzange, die mit ihrer Maulform die Form der Kausche bestimmt und über die nach Arbeitsvorgang 6 gebogene Kausche herumgreift, fertiggebogen und schließlich wird im letzten

Arbeitsvorgang 8 mit dem Handhammer die Kausche, die in der Zange festgehalten wird, glattgeschmiedet
und es ist alsdann das oben sichtbare Stück fertig.

2. Winkelschmiedearbeiten: Von den einfachen Amboßarbeiten gehen wir nunmehr über zu Winkelschmiedearbeiten, und als Beispiel wird in Abb. 16 vorgeführt ein Rahmen aus Winkeleisen.

In Arbeitsvorgang 1 wird das Winkeleisen auf Länge abgesägt;

in Arbeitsvorgang 2 erfolgt das Aushauen der Winkel von 90° an den Biegestellen 1, 2 und 3 mittels eines Spezial-Haueisens;

in Arbeitsvorgang 3 werden die Biegestellen mit der Hammerfinne ausgelappt. (Das Auslappen ist erforderlich, um beim Schweißen entsprechende Überlappungen zu erhalten;)

in Arbeitsvorgang 4 wird je ein Schenkel der beiden Winkeleisenenden unter 45° abgeschrägt;

in Arbeitsvorgang 5 werden die abgeschrägten Schenkelenden ebenso ausgelappt wie in Arbeitsvorgang 3 angegeben;

in Arbeitsvorgang 6 muß, um ein gutes Schließen mit der Schweißstelle zu erzielen, auch der andere Schenkel an den Enden ausgelappt werden — zur Bildung der Schließecke 4.

in Arbeitsvorgang 7 wird das Winkeleisen über ein rechtwinkeliges Gesenk von Hand gebogen, wobei das Winkeleisen mit entsprechenden Klammern am Gesenk festgehalten wird.

In den beiden letzten

Arbeitsvorgängen 8 und 9 wird das fertig gebogene Winkeleisen gerichtet und es werden dann die Ecken geschweißt. Das rechtwinkelige, scharfkantige Biegen von anderen Formeisen, wie T-Eisen, U-Eisen usw., erfolgt entsprechend.

Beim Biegen von stumpfen Winkeln ist ein Aufhauen der Schweißstellen nicht nötig. Die Werkstücke werden dann nur erhitzt, über ein Winkelgesenk gebogen und die Schenkel nachgerichtet.

Ebenso ist dies der Fall beim Biegen runder Ecken, die auch über gebogene Radius-Gesenke gebogen werden.

3. Dampf- und Lufthammer-Arbeiten: Eine weitere Gruppe des Freiformschmiedens ist bekannt unter dem Begriff von Dampf- bzw. Lufthammer-Arbeiten. Als Beispiele dienen a) das Schmieden einer Tragpratze (wie in der Abb. 17 oben dargestellt) von 330 mm Länge, 30 mm Stärke und 135 mm Breite, ca. 170 mm Ausladung bzw. Pratzenhöhe:

in Arbeitsvorgang 1 ist die Herstellung des Rohlings von 200 × 125 × 125 gezeigt, der schon einen kleinen Knüppel darstellt.
Dieser wird von einem vorhandenen Profil abgesägt, im Ofen erhitzt;

in Arbeitsvorgang 2 wird das Werkstück eingekehlt;

in Arbeitsvorgang 3 wird das links von der Einkehlung befindliche Stück ausgeschmiedet bzw. gestreckt, so daß das Werkstück die gezeichnete Form erhält;

in Arbeitsvorgang 4 wird der Fuß bzw. die Pratze abgesetzt;

in Arbeitsvorgang 5 die Sohle angeschmiedet
und endlich

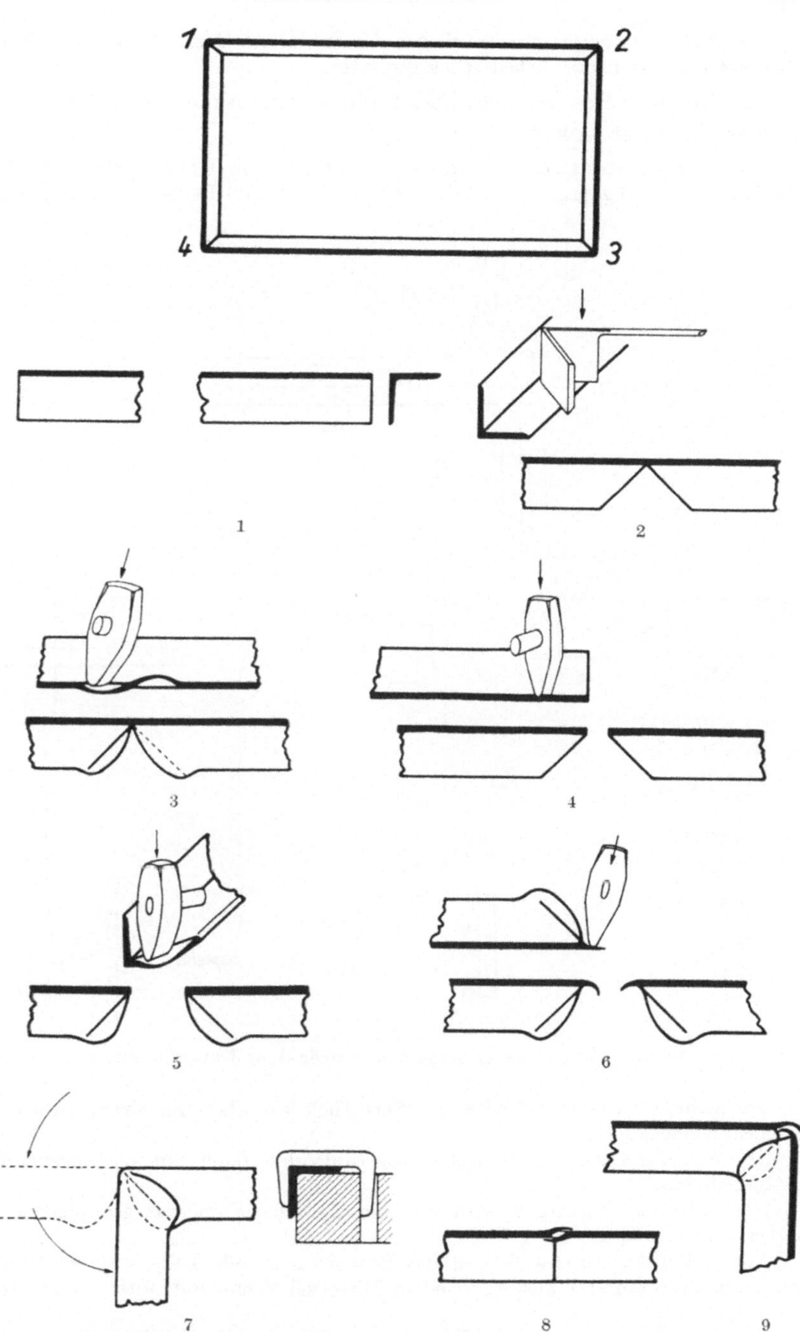

Abb. 16. Rahmen aus Winkeleisen, hergestellt durch Handschmieden.

in Arbeitsvorgang 6 das Biegen der Sohle von Hand mit dem Setzhammer bewirkt und das ganze Arbeitsstück geglättet.

b) Ein weiteres Beispiel bildet die Lenkerstange (Abb. 18) für die Steuerung einer Lokomotive:

In Arbeitsvorgang 1 wird der Werkstoff vom Knüppel von 105 □ und 160 mm Länge abgesägt und erhitzt und auf 50 × 100 Rechteck ausgeschmiedet.

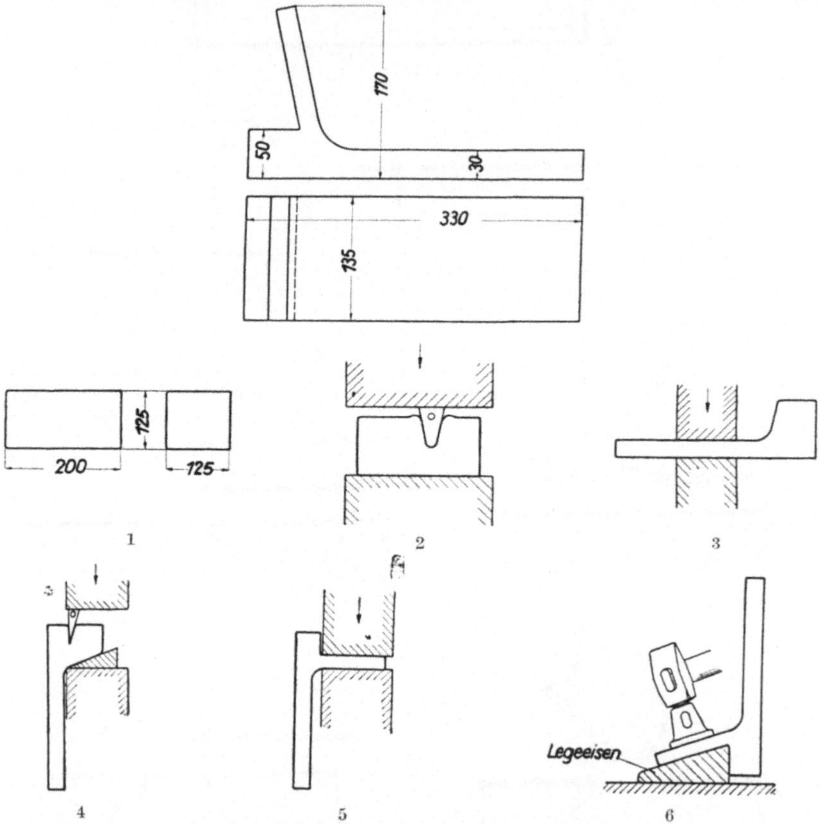

Abb. 17. Tragpratze, hergestellt unter dem Dampfhammer.

in Arbeitsvorgang 2 wird das Werkstück von oben mit einem halbrunden Kehleisen eingekehlt;

in Arbeitsvorgang 3 erfolgt das Einkehlen flach mit der sogenannten „Abfaßklemme";

in Arbeitsvorgang 4 wird das Mittelteil der Stange ausgeschmiedet und dabei fortwährend um 90 ° gedreht;

in Arbeitsvorgang 5 wird die Lenkerstange mit Hilfe von Setzblechen nachgerichtet, um das ausgeschmiedete Mittelteil genau auf Mitte zu erhalten; endlich

in Arbeitsvorgang 6 erfolgt das Abrunden der Köpfe mit Hilfe von Haueisen.

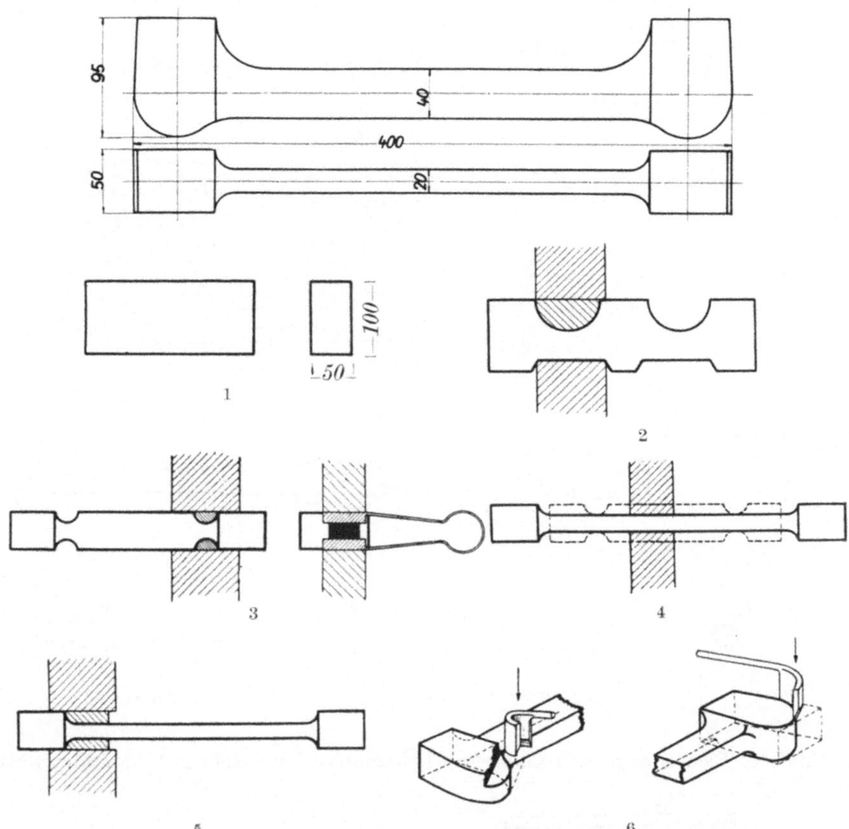

Abb. 18. Lenkerstange für Lokomotive, hergestellt unter dem Dampfhammer.

c) Abb. 19 gibt eine Pleuelstange für Dampfpflug-Lokomotive wieder.

In Arbeitsvorgang 1 wird der Werkstoff vom Knüppel 165 mm Vierkant auf 450 mm Länge abgesägt und eine Hälfte erhitzt;

in Arbeitsvorgang 2 wird die erhitzte Hälfte von allen vier Seiten eingekehlt und der Knüppel auf das Maß der Stange flachgeschmiedet;

in Arbeitsvorgang 3 erfolgt das Flachschmieden und Schlichten des großen Kopfes.

Nach Erhitzen der anderen Hälfte wird alsdann

in Arbeitsvorgang 4 die Stange vierkantig vorgeschmiedet und der kleinere Gabelkopf abgesetzt und sauber flachgeschmiedet;

in Arbeitsvorgang 5 erfolgt das Schlichten der Stangen in einer Lage. Zuletzt wird

in Arbeitsvorgang 6 der Gabelkopf mit einem Haueisen rund gehauen.

d) Zur Herstellung des Feuerbuchsbodenrings für den Stehkessel einer P. 10-Lokomotive Abb. 20 werden:

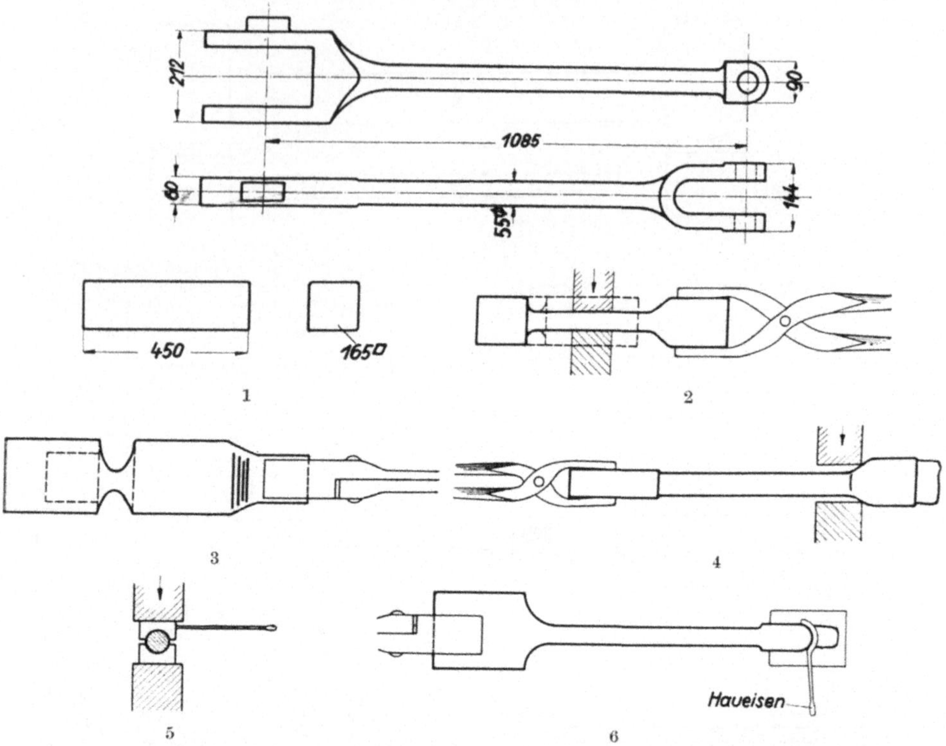

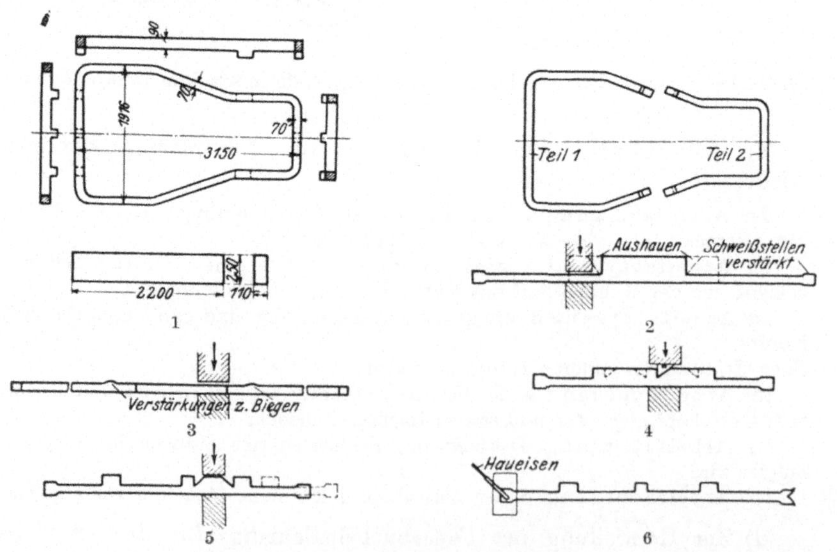

Abb. 19. Pleuelstange für Dampfpflug-Lokomotive, hergestellt u. d. Dampfhammer.

Abb. 20. Feuerbuchsbodenring für Lokomotive, hergestellt u. d. Dampfhammer.

in **Arbeitsvorgang 1** Brammen mit einem Querschnitt von 250 × 110 und 2200 mm Länge unter der Presse vorgeschmiedet. Für einen Bodenring sind zwei solcher Brammen nötig, da derselbe aus zwei Teilen zusammengeschweißt wird;

in **Arbeitsvorgang 2** erfolgt das Vorschmieden von Teil 1 und 2, und zwar wird eine Bramme an beiden Enden ausgehauen und die Enden ausgeschmiedet. Die Schweißstellen müssen verstärkt stehen bleiben.
Ebenso müssen auch

in **Arbeitsvorgang 3** beim Flachschmieden der Teile 1 und 2 Verstärkungen zum Biegen vorgesehen werden, da sich das Material an den beiden Biegungs-

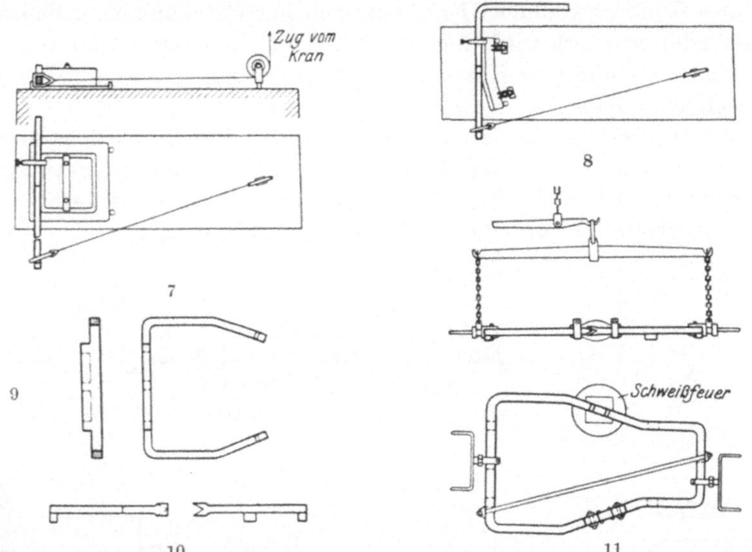

Abb. 21. Feuerbuchsbodenring für Lokomotive, hergestellt u. d. Dampfhammer.

stellen einzieht. Da die 3 Pratzen an Teil 2 einen größeren Abstand haben, als die an Teil 1, so können erstere ausgeschmiedet werden;

in **Arbeitsvorgang 4** erfolgt das Einkehlen der Pratzen
und

in **Arbeitsvorgang 5** das Ausschmieden des stehengebliebenen Materials;

in **Arbeitsvorgang 6** werden die Schweißfugen mit Hilfe eines Haueisens ausgehauen.
Nun erfolgt

in **Arbeitsvorgang 7** (Abb. 21) das Biegen der rechten Winkel von Teil 1 und 2 um einen Rahmen, der auf einer Richtplatte befestigt ist. Die Kraft für das Biegen liefert eine elektrische Winde, deren Zugseil — über eine Rolle geführt — am Ende des zu biegenden Stückes angreift;

in **Arbeitsvorgang 8** erfolgt das Biegen des stumpfen Winkels, entsprechend Arbeitsvorgang 7.
Jetzt wird

in **Arbeitsvorgang 9** das Ausbrennen der Pratzen an Teil 1 vorgenommen. Dieses Ausbrennen geschieht erst nach dem Biegen, um eine Deformation des Stückes zu vermeiden.

In Arbeitsvorgang 10 werden Teil 1 und 2 auf ihre Gesamtlänge kontrolliert und der Schweißzapfen an Teil 1 entsprechend ausgebrannt.

In Arbeitsvorgang 11 werden nun beide Teile durch Spannschrauben und Schellen verbunden, erhitzt und zusammengeschweißt. Um dabei den Bodenring schwenken und vertikal bewegen zu können, ist eine besondere Aufhängevorrichtung vorgesehen.

Der bedeutungsvollste und wichtigste Arbeitsvorgang für die Herstellung eines Bodenringes ist das Schweißen, das besonders sorgfältig gemacht werden muß (vgl. Abb. 2). Es ist dabei darauf zu achten, daß das Rundschweißfeuer jedesmal nach Fertigstellung einer Schweiße vollständig erneuert wird, um zu vermeiden, daß Asche und Schlacke aus dem abgebrannten Koksfeuer beim Erhitzen in die neuzubildende Schweiße kommen.

4. Preßarbeiten: Als letzte Gruppe des Freiformschmiedens kommt das Schmieden unter der hydraulischen bzw. dampfhydraulischen Presse in Frage; es sei durch die folgenden Beispiele erläutert:

a) Kurbelwelle für eine Schiffsmaschine (Abb. 22).

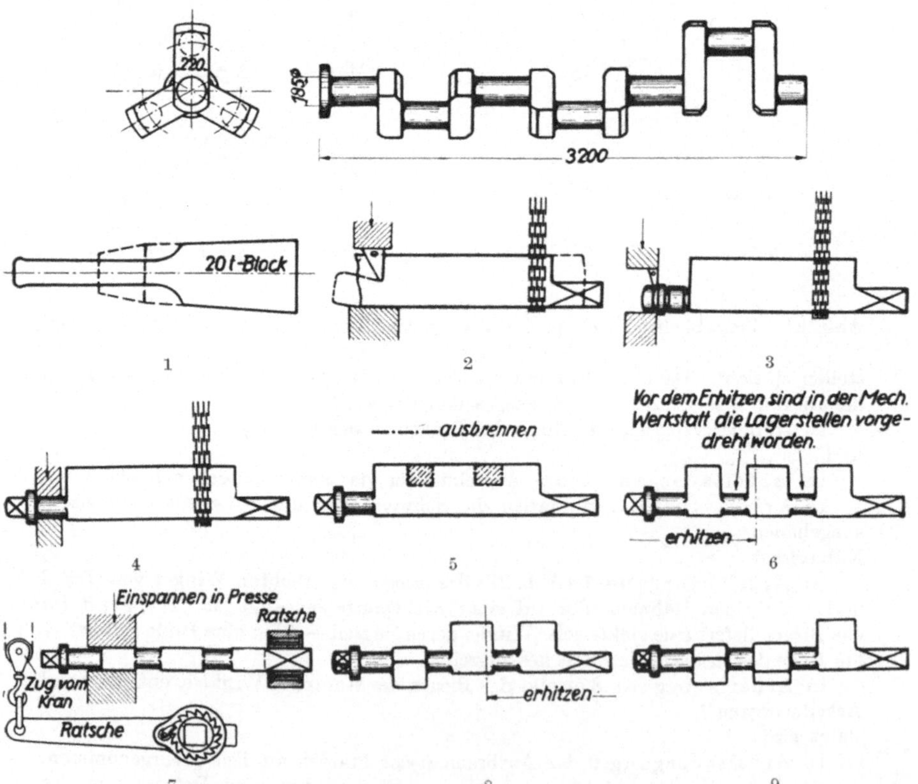

Abb. 22. Kurbelwelle, hergestellt unter der Presse.

In Arbeitsvorgang 1 wird ein Rohblock von 20 t flach ausgeschmiedet. Für das Ausschmieden von Kurbelwellen werden möglichst große Rohblöcke genommen, da das Material für diese aus Festigkeitsgründen ganz besonders gut durchgeschmiedet werden muß;

in Arbeitsvorgang 2 wird die ausgeschmiedete Bramme an beiden Seiten eingekehlt und die Enden weggestreckt;

in Arbeitsvorgang 3 wird der Flanschzapfen rund geschmiedet und der Flansch mit dem Kehleisen abgesetzt;

in Arbeitsvorgang 4 erfolgt das Rundschmieden des Flanschzapfens und das Ausschmieden der Vierkantenden. Beide Vierkantenden werden nach Lehre sauber geschmiedet;

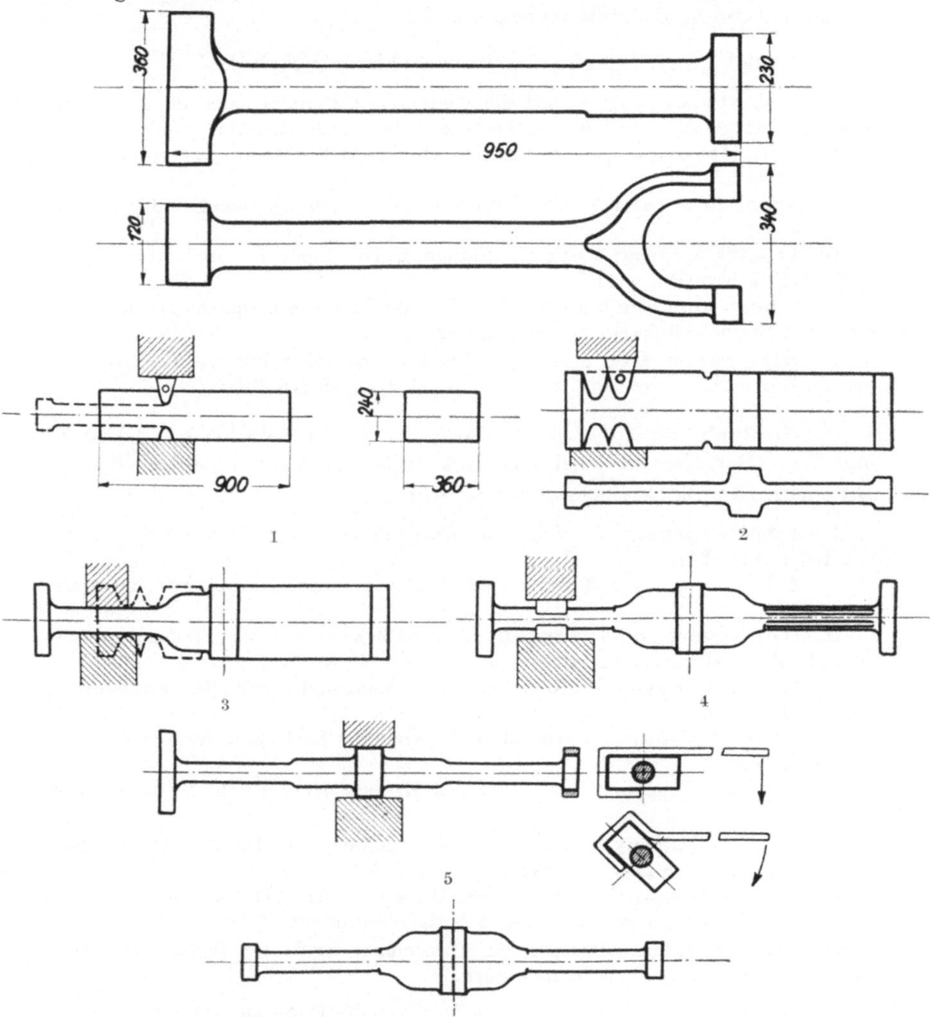

Abb. 23. Pleuelstange für eine Schiffsmaschine, hergestellt unter der Presse.

in **Arbeitsvorgang 5** erfolgt das Ausbrennen der Kurbeln. Die Ausarbeitung der Kurbelwangen geschieht in der mechanischen Werkstatt durch Bohren bzw. Stoßen, wird also in der Schmiede nicht ausgeführt;

in **Arbeitsvorgang 6** wird nun eine Hälfte der Kurbelwelle erhitzt. Vor dem Erhitzen sind die Lagerstellen in der mechanischen Werkstatt vorgeschruppt worden, um bei dem

in **Arbeitsvorgang 7** erfolgenden Verdrehen der ersten Kurbel um 120° ein Unganzwerden zu vermeiden. Zum Verdrehen selbst wird eine Kurbel in die Presse eingespannt und auf das Vierkant eine Ratsche aufgebracht, die durch Zug vom Kran betätigt wird;

in **Arbeitsvorgang 8 und 9** erfolgt das Erhitzen und Verdrehen der dritten Kurbel, entsprechend Arbeitsvorgang 6 und 7.

b) Pleuelstange für eine Schiffsmaschine (Abb. 23).

In **Arbeitsvorgang 1** wird die vorgepreßte Bramme, aus der gleichzeitig 2 Stangen hergestellt werden, eingekehlt und flach ausgestreckt;

in **Arbeitsvorgang 2** erfolgt das Hochkant-Einkehlen des vorgeschmiedeten Stückes;

in **Arbeitsvorgang 3** wird dann die Stange ganz gestreckt und rund vorgeschmiedet;

in **Arbeitsvorgang 4** wird die Stange in der Lage rund geschlichtet. Nach nochmaligem Erhitzen wird

in **Arbeitsvorgang 5** das Werkstück in die Presse eingespannt und die Flanschen mit Spezialschlüsseln um 90° verdreht;

in **Arbeitsvorgang 6** erfolgt schließlich das Zerschneiden des Rohlings mittels Schneidbrenners, so daß wir also zwei Stangen erhalten.

c) Hintersteven für Handelsdampfer, Fertiggewicht 4 t, (Abb. 24 und 25).

Der Steven wird aus drei Teilen zusammengeschweißt, die aus einem 14 t Block ausgeschmiedet werden:

In **Arbeitsvorgang 1** erfolgt das Aushauen und Vorschmieden der Enden von Teil 1 (Abb. 24);

in **Arbeitsvorgang 2** werden die Enden nochmals eingekehlt und fertig geschmiedet;

in **Arbeitsvorgang 3** werden die Nockenstücke eingekehlt und das zwischenliegende Material ausgeschmiedet;

in **Arbeitsvorgang 4** erfolgt das Ausbrennen und damit die Fertigstellung von Teil 1;

in **Arbeitsvorgang 5** wird Teil 2 (Abb. 25) flach und hochkant ausgeschmiedet, um

in **Arbeitsvorgang 6** mit Hilfe des Kranes nach Schablone gebogen zu werden;

in **Arbeitsvorgang 7** wird Teil 3 ausgehauen und der so gebildete Ausschnitt durch Pressen noch erweitert;

in **Arbeitsvorgang 8** erfolgt das Aushauen und Wegstrecken der Sohle;

in **Arbeitsvorgang 9** wird Teil 3 fertiggebrannt, um dann

in **Arbeitsvorgang 10** nach dem Ausbrennen der Schweißfugen und Zapfen zum Schweißen fertig gemacht zu werden.

d) Das Heckruder, Fertiggewicht ca. 5 t, (Abb. 26, 27, 28)

besteht aus einem Hauptteil und 4 Verbindungsstreben:

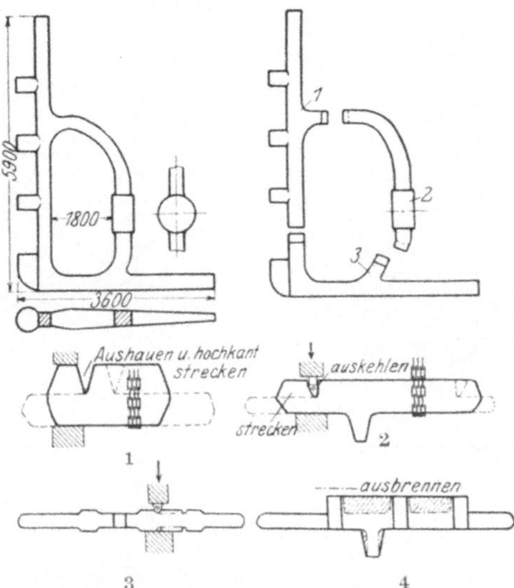

Abb. 24. Hintersteven für Handelsdampfer, hergestellt unter der Presse.

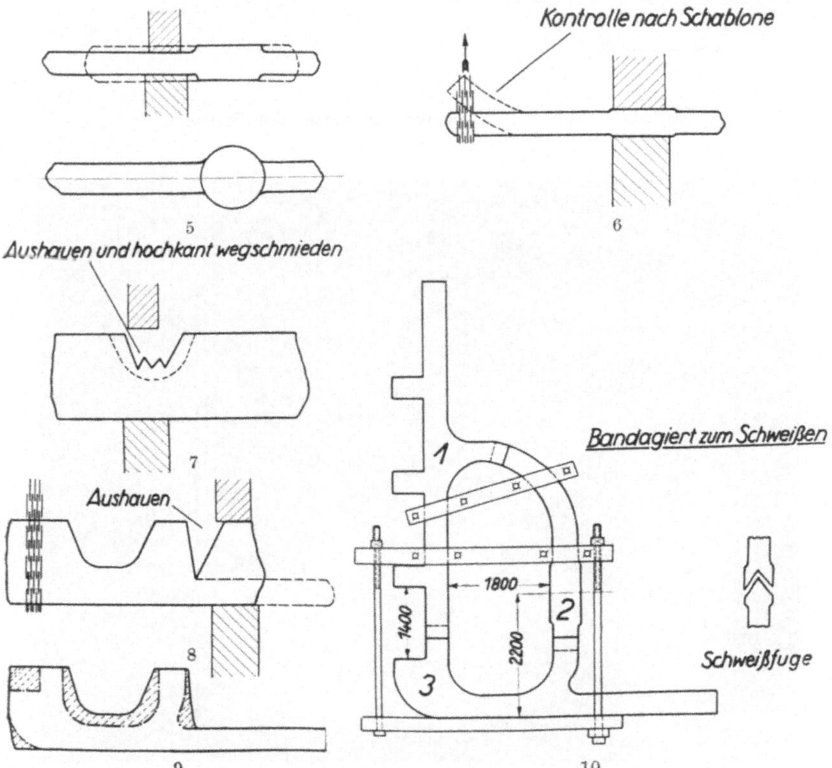

Abb. 25. Hintersteven für Handelsdampfer, hergestellt unter der Presse.

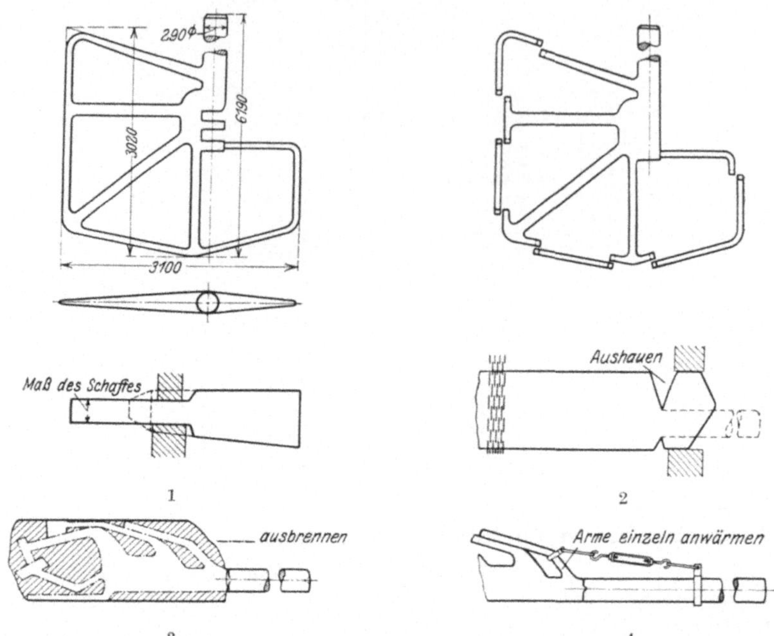

Abb. 26.   Heckruder, hergestellt unter der Presse.

Abb. 27.   Schmiedestück, fertig ausgebrannt mit dem autogen. Schneidapparat.

In Arbeitsvorgang 1 wird der Rohblock erhitzt und ausgeschmiedet;
in Arbeitsvorgang 2 erfolgt beiderseitiges Aushauen und Wegschmieden
des Zapfens. Danach wird der Schaft in der mechanischen Werkstatt vorgeschruppt
und das so vorbereitete Werkstück ausgerichtet und die Arme vorgezeichnet;
in Arbeitsvorgang 3 werden die Arme ausgebrannt (vgl. auch Abb. 27);

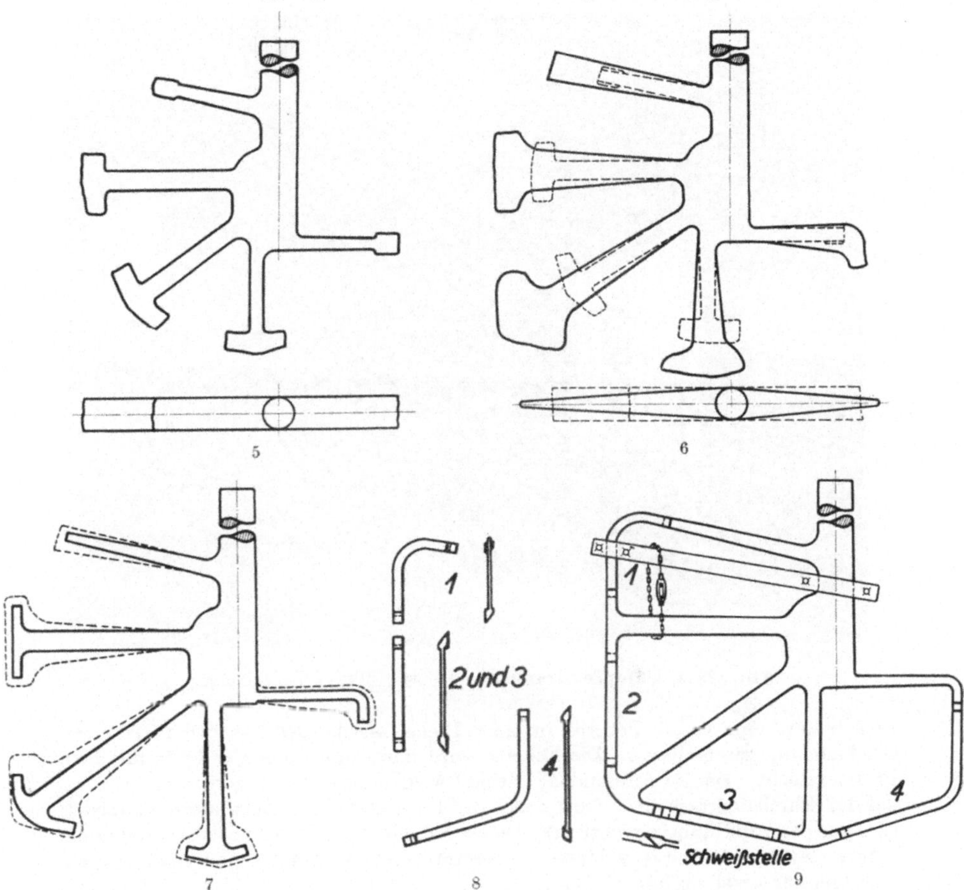

Abb. 28. Heckruder, hergestellt unter der Presse.

in Arbeitsvorgang 4 wird jeder Arm einzeln erhitzt und mit Hilfe eines
Spanneisens in seine richtige Lage gezogen;
in Arbeitsvorgang 5 nachgerichtet;
in Arbeitsvorgang 6 erfolgt das Ausschmieden der Arme;
in Arbeitsvorgang 7 werden diese nach Schablone nachgebrannt und
in Arbeitsvorgang 8 die Verbindungsstreben Teil 1—4 fertiggestellt;
in Arbeitsvorgang 9 erfolgt dann das Schweißen des Ruders, und zwar
wird jedesmal eine Verbindungsstrebe mit dem Hauptkörper durch Spannschrauben
und Schienen verbunden und mit Hilfe von Kette und Spannschloß in die richtige
Lage gezogen.

e) Abb. 29 zeigt das Schmieden einer Turbinentrommel von 2200 mm Durchmesser. — Der Vorgang der Fertigung ist folgender:

Von einem möglichst großen Rohblock wird auf der Drehbank ein Stück abgestochen, das dem Gewicht der rohen Trommel entspricht. Dieses Stück wird

Abb. 29.   Dampfhydraulische Presse, 2000 t Preßdruck.

zunächst auf eine runde Scheibe in einer Dicke, welche der Länge der Trommel gleichkommt, geschmiedet.   Die Scheibe wird daraufhin unter der hydraulischen Presse gelocht.   Der so entstandene „Ring" wird dann — in wagerechter Lage — auf der Schmiedepresse über einen durch das Loch gesteckten Dorn ausgeschmiedet (wie auf der Abbildung ersichtlich).   Dieses Schmieden wird — unter Verwendung immer stärkerer Dorne — solange fortgesetzt, bis die Trommel den gewünschten Durchmesser erreicht hat.

Schluß.

Aus den vorgeführten Beispielen geht klar hervor, daß die Freiformschmiedearbeit an den einzelnen Schirrmeister und dessen Helfer große Anforderungen stellt, und daß es nicht nur auf eine Handfertigkeit ankommt, sondern daß, wie bereits erwähnt, der Schmied — im Gegensatz beispielsweise zum Schlosser und Dreher, dem die Arbeitsstücke vorgezeichnet werden — über ein besonders ausgeprägtes Gefühl und Augenmaß bei der Entwickelung seiner Schmiedestücke verfügen muß. Wenn man auch für die Fertigung der verschiedenen

Schmiedestücke Blechschablonen und Lehren als Meßgeräte verwendet, so gehört doch ein besonderes Maß von Geschicklichkeit dazu, mit dem geringsten Aufwand von Material auszukommen und die Zugaben, die für die mechanische Bearbeitung des Schmiedestückes noch gemacht werden müssen, auf das kleinste Maß zu beschränken. Um dies zahlenmäßig hervorzuheben, sei erwähnt, daß beispielsweise ein so schwieriges Stück wie der Feuerbuchs-Bodenring mit einer Zugabe von höchstens 10 mm nach einer Seite geliefert werden muß; wenn man weiter bedenkt, daß ein zu starker Schlag des Hammers entweder eine nochmalige — sonst unnötige — Erwärmung des Schmiedestückes notwendig macht — wenn es überhaupt noch vor dem Ausschußwerden gerettet werden kann —, so sind hieraus deutlich die hohen Anforderungen an die Geschicklichkeit des Schmiedes erkennbar.

Weiter ist hervorzuheben, daß eine gut durchgebildete Schmiedearbeit bei der weiteren Fertigung erhebliche Kosten für Arbeitszeit und Material erspart. Bei kleineren Schmiedearbeiten hat man ja versucht, der notwendigen Geschicklichkeit des Schmiedes durch immer erweiterte Ausdehnung des Gesenkschmiedens zu begegnen; aber auch das hat — wie im weiteren Verlauf dieses Buches gezeigt werden wird — nur unter bestimmten Voraussetzungen, also in erster Linie für Reihenfertigung, Geltung und scheidet bei größeren und großen Schmiedestücken ganz aus.

Wenn man nun berücksichtigt, daß das an und für sich körperlich anstrengende Arbeiten in Schmiedebetrieben durch Rauch und Gase auch nicht gerade gesundheitsfördernd ist und infolge der Hitze — besonders im Sommer — der Aufenthalt in einer in vollem Betrieb befindlichen Schmiede nicht zu den Annehmlichkeiten des Lebens gehört, so kann man es verstehen, daß der Beruf des gelernten Schmieds dem Aussterben schon nahe war, und daß es heute nur verhältnismäßig wenig gute Schirrmeister gibt, denen man hochwertige Arbeiten anvertrauen kann.

Andererseits ist bis auf weiteres nicht ersichtlich, wie man den größten Teil der vorgeführten Freiformschmiedearbeiten in nächster Zeit durch weitere Ausbildung mittels mechanischer Hilfsmittel einschränken kann, um dadurch die Notwendigkeit einer großen Zahl gelernter Schmiede zu vermeiden. Es ist vielleicht von Interesse, daß sich in dem Hammerschmiedebetrieb der Firma A. Borsig, Tegel, unter insgesamt 315 Arbeitern — ausschließlich der Transport- und Hilfsarbeiter — 180 gelernte Hammerschmiede befinden. Diese haben ihren Beruf meistens in einer Dorfschmiede oder in kleineren Betrieben erlernt und sind erst in ihren späteren Jahren in die Industrie übergegangen. Angesichts dieser verhältnismäßig großen Zahl von gelernten Facharbeitern im Schmiedebetrieb tritt die Notwendigkeit der Heranbildung eines entsprechenden Nachwuchses als besondere Pflicht jedes Werksleiters in Erscheinung. Und dabei muß hervorgehoben werden, daß einer Gesamtzahl von 1511 gelernten Schmieden in sämtlichen Betrieben Groß-Berlins zur Zeit ganze 13 Schmiedelehrlinge gegenüberstehen, von denen — soweit sie dem Verband Berliner Metall-Industrieller angehören — auf die Firma A. Borsig, Tegel, allein 11 entfallen. — Angesichts dieser geradezu erschütternden Tatsache darf zum Schluß vielleicht kurz erwähnt werden, welche Erfahrungen bei der Ausbildung von Schmiedelehrlingen gemacht sind und der allgemeinen Beachtung besonders empfohlen werden müssen:

Bei der Ausbildung der Schmiedelehrlinge ist mehr als in jedem anderen Handwerk darauf zu achten, daß keine Überanstrengung in den ersten Wochen nach dem Eintritt in die Lehre stattfindet. Das Schmiedehandwerk erfordert ja bekanntlich ganz besonders große Körperkräfte; hierauf ist beim Anlernen entsprechend Rücksicht zu nehmen. Die Firma Borsig geht daher so vor, daß sie in den ersten Tagen die neueintretenden Lehrlinge bei den Arbeiten zusehen läßt. Gleichzeitig werden sie während dieser Zeit mit den gebräuchlichsten Schmiedewerkzeugen bekannt gemacht. Haben sie sich ganz allmählich in ihre neue Umgebung eingelebt und kleine Hilfeleistungen, wie Feuerreinigen usw., ausgeübt, so kommen sie zunächst nach der Schablonenschlosserei, um hier mit Feile, Meißel und Hammer vertraut zu werden. Nach ca. 6—8 Wochen werden sie dann einem älteren Lehrling am Schmiedefeuer zum Zuschlagen beigegeben. Hier machen sie gleichzeitig ihre ersten Übungen im Schmieden. Mit Beginn des zweiten Lehrjahres werden sie am Dampfhammer ausgebildet und zwar zunächst als Helfer, später als Schirrmeister. Während bisher die ausgeführten Schmiedearbeiten sich auf die Verarbeitung von Schmiedeeisen beschränkt hatten, beginnt nun die Unterweisung im Schmieden von Stahl.

Mit Beginn des dritten Lehrjahres erhalten sie eine Ausbildung im autogenen Schweißen und Schneiden. Für kurze Zeit werden sie dann noch der Gesenkschmiede überwiesen, um schließlich den Rest ihrer Lehrzeit damit auszufüllen, schwierige Schmiedestücke — unter Benutzung von mechanischen Hämmern — herzustellen.

Jeder Lehrling hat am Ende seiner Lehrzeit noch eine Reihe von Arbeiten auszuführen, die er bei der Gesellenprüfung vorlegt.

Wie aus Vorstehendem ersichtlich, erfolgt die Ausbildung ganz systematisch, vom Leichten zum Schweren fortschreitend. Besonderer Wert wird bei der Ausbildung darauf gelegt, daß die Lehrlinge möglichst von Anfang an rein produktive Arbeiten leisten, damit sie gleich vom Beginn ihrer Lehrzeit an den Wert der Arbeit richtig kennen lernen.

Gesenkschmieden und Pressen.

Von Oberingenieur **Großmann**.

Einleitung.

Obwohl das Gesenkschmieden in fast jeder Beziehung einen Gegensatz zum Freiformschmieden bildet, so hat es sich doch aus diesem allmählich entwickelt.

Für die Herstellung von Werkstücken, die eine besondere Kunstfertigkeit verlangten, z. B. das Schmieden einer runden Stange, eines kugligen Kopfes usw., ersann der auf Hammer und Amboß angewiesene Schmied sich Hilfswerkzeuge und Vorrichtungen, die ihm sein Handwerk wesentlich erleichterten. So entstanden die sogenannten Lagen, die nichts anderes als kleine, offene Gesenke sind, und aus denen sich dann im Laufe der Zeit das Gesenk zu seiner heutigen Form entwickelt hat.

I. Vorteile des Gesenkschmiedens.

Im Gegensatz zum Freiformschmieden, bei dem es sehr auf die Geschicklichkeit des gelernten Schmiedes ankommt, der neben seiner Handfertigkeit noch über ein gutes Gefühl und sicheres Augenmaß verfügen muß, kann das Gesenkschmieden von jedem ungelernten oder angelernten Arbeiter ausgeführt werden, wenn nur das Gesenk richtig hergestellt ist, und in dieser richtigen Herstellung des Gesenkes liegt zum größten Teil die Kunst und Schwierigkeit des Gesenkschmiedens.

Die mit der Anfertigung der Gesenke verknüpften hohen Kosten weisen von selbst darauf hin, daß für die Einzelanfertigungen das Gesenkschmieden nicht in Frage kommt, sondern daß die Wirtschaftlichkeit erst dann beginnt, wenn Schmiedeerzeugnisse in größeren Serien verlangt werden. Daher kommt es auch, daß die gewaltige Entwicklung des Gesenkschmiedens in den letzten Jahren Hand in Hand ging mit der Zunahme der Massenfabrikation, wie sie beispielsweise die Kleineisenindustrie oder der Automobilbau mit sich brachten.

Indessen kann auch unter Umständen bei der Anfertigung weniger Stücke das Schmieden im Gesenk sehr wirtschaftlich sein, wenn es sich dabei um größere Stücke handelt, die, falls sie von Hand geschmiedet werden, eine sehr langwierige und teure mechanische Bearbeitung er-

3*

fahren müßten, wobei natürlich die Gestehungskosten des Gesenkes niedriger sein müssen als die dadurch erzielte Ersparnis an Bearbeitungskosten. In vielen Fällen wird sich sogar eine Verbindung von Freiformschmieden und Gesenkschmieden als vorteilhaft, wenn nicht als notwendig ergeben.

Kurz zusammengefaßt sind die Vorteile des Gesenkschmiedens dem Freiformschmieden gegenüber folgende:

Beträchtliche Ersparnis an Löhnen und Arbeitszeit,

Unabhängigkeit von den hochqualifizierten gelernten Schmieden, die nur in geringer Zahl auf dem Arbeitsmarkt zu haben sind,

Gleichmäßigkeit der hergestellten Werkstücke, die überdies mit viel geringerer Zugabe an den später zu bearbeitenden Stellen angefertigt werden können als beim Schmieden von Hand, dadurch erleichterte und verbilligte Weiterverarbeitung. (Es werden heute Arbeiten im Gesenk ausgeführt mit einer Genauigkeit von Bruchteilen von Millimetern, so daß man vielfach von einer weiteren Bearbeitung absehen kann.)

Ausführungsmöglichkeit von Werkstücken, die von Hand durch Freiformschmieden überhaupt nicht herstellbar sind.

Endlich: Da die Fertigungszeit durch Zeitaufnahmen verhältnismäßig leicht festgestellt und kontrolliert werden kann, so kann die Festsetzung der Akkorde auch mit viel größerer Sicherheit erfolgen als beim Handschmieden, was bei der Herstellung von Massenartikeln von besonders großem Vorteil ist, da hier meistens sehr scharf kalkuliert werden muß, um konkurrenzfähig zu sein.

Obwohl die große Bedeutung des Gesenkschmiedens längst überall erkannt worden ist, so ist doch verhältnismäßig wenig darüber in der Literatur zu finden. Erst in den letzten Jahren haben einige hervorragende Fachleute in uneigennütziger Weise ihre Betriebserfahrungen durch Veröffentlichung in Fachzeitschriften der Allgemeinheit zugänglich gemacht. Wenn in diesen Abhandlungen zum Teil sehr widersprechende Ansichten über den gleichen Gegenstand laut werden, so liegt das eben daran, daß es Betriebsergebnisse sind, und in der Praxis „führen bekanntlich viele Wege nach Rom". Es wird Aufgabe der theoretischen Durchforschung dieses Arbeitsgebietes sein, verbunden mit einwandfreien Versuchen festzustellen, welches die tatsächlich richtigen Wege sind.

Von einer erschöpfenden Behandlung des Themas und von größeren theoretischen Erörterungen soll an dieser Stelle ausdrücklich abgesehen und nur versucht werden, in großen Umrissen das Wesen des Gesenkschmiedens und -Pressens zu zeichnen und durch Beispiele aus dem Betriebe zu erläutern. Auch innerhalb der so gekennzeichneten Aufgabe soll eine Behandlung des sehr interessanten Zweiggebietes des Schmiedens von Metall im Gesenk unterbleiben und eine Beschränkung auf die Bearbeitung von Eisen und Stahl erfolgen.

II. Grundlegende Betrachtungen über das Gesenkschmieden.

Wie schon gesagt, besteht die Hauptschwierigkeit beim Gesenkschmieden in der richtigen Herstellung der Gesenke. Um die Grundsätze dafür aufstellen zu können, müssen wir uns kurz mit dem Verhalten des Eisens beim Schmieden unter dem Hammer und der Presse beschäftigen.

Beim Freiformschmieden wird das Material zwischen Hammer und Amboß durch den Schlag des Hammers oder den Druck der Presse zum Fließen gebracht und kann sich in wagerechter Richtung nach allen Seiten frei ausdehnen. Man nennt dieses Ausweichen des Materials in wagerechter Ebene „Fließen", und unterscheidet dabei im besonderen „Strecken" bzw. „Breiten", wenn der Druck senkrecht zur Längsachse, und „Stauchen", wenn der Druck in der Längsachse erfolgt. Dabei zeigt sich, daß das Material in Richtung der Querachse leichter fließt als in der Richtung der Längsachse, da in Richtung der Querachse der geringere Widerstand ist.

Beim Gesenkschmieden wird durch die Wandungen des Gesenkes das Material am „Fließen" in wagerechter Richtung gehindert und daher gezwungen, nach oben und unten auszuweichen, um so die Gesenkform auszufüllen. Dieses Ausweichen in senkrechter Richtung nennt man das „Wachsen" oder „Steigen" des Materials.

Um ganz sicher zu sein, daß das Material die Gesenkform beim Hineindrücken auch vollständig ausfüllt, muß es etwas reichlicher bemessen sein, als es dem Volumen des fertigen Schmiedestückes entspricht. Das überschüssige Material wird beim Schmieden an den Seiten herausgepreßt und bildet den sogenannten Grat, der später durch eine besondere Abgratpresse beseitigt werden muß. Diese augenscheinlich unbequeme und überflüssige Erscheinung der Gratbildung ist aber von wesentlicher Bedeutung für das Gesenkschmieden. Zur näheren Erklärung muß man sich vergegenwärtigen, daß beim Zusammendrücken eines Materials dieses immer in Richtung des geringsten Widerstandes auszuweichen versuchen wird. Der Grat bildet nun mit seiner großen Oberfläche bei geringer Höhe infolge der Oberflächenreibung einen großen Widerstand gegen das „Fließen" des Materials und hindert es so am Entweichen nach außen, ehe das ganze Gesenk ausgefüllt ist. Gesteigert wird diese Wirkung des Grates noch dadurch, daß sich derselbe infolge seines dünnen Querschnittes schneller als das Material in dem Gesenk abkühlt und dadurch eine erhöhte Festigkeit erhält.

Bisher haben wir nur vom „Fließen" und „Wachsen" des Materials unter Einwirkung von Druck gesprochen, ohne einen Unterschied zwischen dem langsam wirkenden Druck der Presse und dem schlagartigen Druck des Hammerbärs zu machen. Diesen Unterschied in der Wirkung können wir uns bildlich durch einen einfachen

Versuch, den wohl jeder schon — vielleicht unbewußt — vorgenommen hat, der aber selbstverständlich nur die Idee des Vorganges kennzeichnen soll, klarmachen:

Wenn ich mit der flachen Hand auf eine Wasseroberfläche drücke, so verspüre ich zwar einen gewissen Gegendruck, jedoch werde ich ohne Mühe tief in das Wasser eindringen können, weil die Wasserteilchen Zeit haben, der Bewegung der Hand auszuweichen. Schlage ich dagegen mit großer Geschwindigkeit auf das Wasser, so werde ich einen heftigen Schlag an der Hand spüren und nicht sehr tief in das Wasser eindringen können: die Wasserteilchen haben nicht genügend Zeit, nach der Seite auszuweichen, sondern spritzen hoch auf, wobei ihr Widerstand sich durch einen starken, der Schlagwirkung entgegengesetzten Druck fühlbar macht.

Mit anderen Worten: bei jeder erzwungenen Formänderung eines Materials setzen dessen kleinste Teilchen der auf sie einwirkenden Kraft einen mehr oder minder großen Widerstand entgegen, der von der Kohäsion des Materials abhängig ist. Dabei ist jedoch nicht gleichgültig, in welcher Zeit die Formänderung vor sich geht, weil mit Zunahme der Geschwindigkeit, mit der die Formänderung erzwungen wird, auch die innere Reibung des Materials zunimmt. Je größer aber die innere Reibung ist, desto größer muß auch die zur Formänderung aufzuwendende Kraft sein.

Auf den Schmiedeprozeß übertragen folgt daraus: Die Druckgeschwindigkeit des Hammers oder der Presse beeinflußt die Geschwindigkeit, mit der die kleinsten Eisenteilchen sich zu der neuen Form zusammenfügen müssen. Diese Geschwindigkeit nennt man Formänderungsgeschwindigkeit oder Deformationsgeschwindigkeit.

Die Steigerung der Formänderungsgeschwindigkeit läßt sich aber nicht beliebig weit erzwingen, sondern es gibt für jedes Material ein gewisses Maximum, das von der Festigkeit und somit auch von der Temperatur abhängig ist. Ist die einwirkende Kraft groß genug, dieses Maximum zu überwinden, so findet eine weitere Deformation nicht mehr statt; das Material wird zerstört, die Kohäsion wird überschritten.

Unseres Wissens sind eingehende Untersuchungen über die Abhängigkeit der maximalen Formänderungsgeschwindigkeit von der Festigkeit und Kohäsion der einzelnen Materialien noch nicht vorgenommen worden und es wäre im Interesse der gesamten Schmiedetechnik nur wünschenswert, wenn die Wissenschaft zusammen mit der Praxis diese wichtigen Fragen durch einwandfreie Versuche klären würde.

Auf Presse und Hammer angewendet, ergibt sich daraus folgendes:

Bei der verhältnismäßig langsam wirkenden Presse ist die Druckgeschwindigkeit kleiner als die maximale Formänderungsgeschwindigkeit des Eisens; dasselbe hat Zeit, auszuweichen, und wird dies nach den Seiten hin tun, ohne daß der Druck zwischen Bär und Schmiedestück übermäßig groß wird. Das Material fließt in die Breite.

Beim Hammer, der mit einer Geschwindigkeit von etwa 5—6 m/sec. auf das Schmiedestück aufschlägt, ist die Druckgeschwindigkeit wahrscheinlich größer als die maximale Formänderungsgeschwindigkeit des Eisens. Nun sind die Formänderungsgeschwindigkeiten der einzelnen Teilchen eines Schmiedestückes nicht überall gleich groß: sie sind im Inneren kleiner als außen und es wird sich deshalb hier der größte Widerstand bilden, d. h. das Material wird nicht mehr in die Breite fließen, sondern nach oben und unten auszuweichen versuchen, eine Erscheinung, die den Hammer besonders geeignet zum Gesenkschmieden macht.

Andererseits wird hierdurch ein Verlust bedingt, da derjenige Teil der Energie, der nicht zur Deformation ausgenutzt werden kann, durch das Werkstück, Amboß und Schabotte, auf Fundament und Erdboden abgeleitet wird. Durch diesen nicht unbeträchtlichen Energieverlust ist der Hammer der Presse gegenüber wirtschaftlich im Nachteil.

Zu erwähnen bliebe noch, daß, wie Versuche ergeben haben, das Material beim Schlag durch den Hammerbär im Gesenkoberteil schneller steigt als im Unterteil, und zwar etwa doppelt so schnell.

Für die Praxis ergibt sich daraus, daß, wenn ein Werkstück unter dem Hammer in das Gesenk geschlagen werden soll, die hervorragendsten Teile und die Rippen möglichst immer in das Obergesenk verlegt werden müssen.

Die theoretische Bestimmung der erforderlichen Druckkraft zur Herstellung eines Schmiedestückes im Gesenk soll als bekannt vorausgesetzt werden — sie ist in mehrfachen Abhandlungen in Fachzeitschriften und im Taschenbuch „Hütte" angegeben —, und nur kurz auf die zur Ausbildung der Gesenke wesentlichen Punkte hingewiesen werden.

Die zur Erzielung eines im Gesenk vollausgeschlagenen Schmiedestückes erforderliche Energie hat zu überwinden:

1. die innere Reibungsarbeit, d. h. die Arbeit, die zur Deformation des Materials erforderlich ist,

2. die äußere Reibungsarbeit des Materials an den Wänden des Gesenks.

Selbstverständlich wird man schon aus rein wirtschaftlichen Gründen danach trachten, die aufzuwendende Energie möglichst klein zu halten und dementsprechend sowohl die innere, als auch die äußere Reibungsarbeit auf ein Minimum zu beschränken.

Da die innere Reibungsarbeit eine Funktion der Festigkeit ist, die ihrerseits wieder von der Temperatur abhängig ist, und zwar mit der Erhöhung der Temperatur sehr stark abnimmt, so muß man also das

Material mit einer möglichst hohen Temperatur, die allerdings durch die Eigenschaften des Werkstoffes begrenzt ist, verarbeiten. Unter Umständen wird sogar das Schmieden in mehreren Hitzen vorteilhaft sein.

Die wirtschaftlichsten Schmiedetemperaturen liegen zwischen 1000 und 1200°, je nach dem Kohlenstoffgehalt des Eisens.

Die äußere Reibung kann vermindert werden:

1. durch entsprechende Formgebung der Gesenke, z. B. möglichste Vermeidung scharfer Ecken und dünner Querschnitte,

2. durch sauberes Ausarbeiten der Gesenkformen, deren Oberfläche möglichst glatt, am besten poliert sein soll,

3. durch äußere Mittel.

Hierzu gehört das Einschmieren der Gesenke mit Fett, Öl, Graphit oder das Bestreuen mit Kohlepulver oder Sägespänen. Infolge der Hitze des Schmiedestückes verdampfen und vergasen diese Stoffe sofort und die zwischen Gesenkwand und Material erzeugte Gasschicht verringert die Reibung ganz wesentlich; auch dem schädlichen Haften des Schmiedestückes im Gesenkoberteil wird dadurch vorgebeugt.

III. Die Gesenke.

Auch für die Gesenke sollen zunächst nur allgemeine Gesichtspunkte behandelt werden und erst später bei den Beispielen soll auf Einzelheiten eingegangen werden.

1. Arten der Gesenke. Je nach dem Herstellungsverfahren des Schmiedestückes unterscheidet man mehrere Arten von Gesenken. Bei Verwendung von Hämmern und vielfach auch von Pressen sind die Gesenke zumeist zweiteilig und bestehen aus dem Obergesenk und dem Untergesenk. Bei größeren und komplizierten Schmiedestücken, die unter der Presse hergestellt werden müssen, verwendet man auch dreiteilige Gesenke sowie Spezialgesenke, wie z. B. das Konusgesenk. Dreiteilige Gesenke benutzt man ebenfalls bei Wagerecht-Schmiedemaschinen; sie bestehen hier aus der einteiligen Patrize und der zweiteiligen Matrize. Ferner unterscheidet man offene und geschlossene Gesenke. Offene Gesenke kommen zur Anwendung, wenn das Schmiedestück nur teilweise im Gesenk geschlagen werden soll, oder beim sogenannten „Schmieden von der Stange". Das Material kann hierbei zum Teil nach den offenen Seiten ausweichen und die Gratbildung ist dementsprechend geringer. Bei geschlossenen Gesenken wird zwar das überschüssige Material nach allen Seiten als Grat herausgepreßt, jedoch ist hierbei erforderlich, daß der Rohling vorher möglichst genau nach Gewicht bestimmt wird und äußere Abmessungen erhält, die nicht nur das Ausfüllen der Gesenkform gewährleisten, sondern auch dem Gesenk unnötige Formarbeit ersparen, da hiervon die Lebensdauer des Gesenkes abhängt. In vielen Fällen wird man daher das Material von Hand oder in einem oder mehreren Gesenken vorschmieden müssen, ehe es im letzten, dem Fertiggesenk, die gewünschte Form erhält. Man spricht daher von Vorgesenken, die man bei kleineren Schmiedestücken oft mit dem Fertiggesenk zu einem Stück vereinigt, um die Abkühlung auf dem Transport zu vermeiden und so den Schmiedeprozeß in einer Hitze durchführen zu können.

Zu diesen Vorgesenken gehören auch die Biegegesenke, die bei gebogenen Werkstücken, wie z. B. Kurbelwellen, Winkelhebeln und dergleichen, zum Vorbiegen des Materials benutzt werden, ohne die ein Fertigschmieden im Gesenk vielfach überhaupt nicht möglich ist.

Allgemein gültige Regeln dafür, wann offene Gesenke bzw. ein „Schmieden von der Stange", oder wann geschlossene Gesenke am Platze sind, wann ein Vorschmieden des Materials von Hand oder wann Vorgesenke erforderlich sind, lassen sich nicht aufstellen. Ausschlaggebend hierfür ist die Art, Form, Größe der betreffenden Schmiedestücke, und es ist Aufgabe des Betriebsingenieurs, in jedem Falle das wirtschaftlichste Arbeitsverfahren herauszufinden.

2. Material der Gesenke. Zur Herstellung der Schmiedegesenke verwendet man als Material hauptsächlich Siemens-Martin-Stahl von etwa 0,8 vH Kohlenstoff oder Tiegelstahl und in beschränktem Maße legierten Stahl, Gußeisen und Stahlguß.

Auch für die Auswahl des Materials lassen sich bestimmte Regeln nicht aufstellen. Gußeisengesenke sind zwar in der Herstellung sehr billig, da die Formen gleich eingegossen werden und so das kostspielige Ausarbeiten erspart werden kann: sie haben aber, da die Widerstandsfähigkeit des Gußeisens gegen starke Stöße und Schläge sehr gering ist, nur eine kurze Lebensdauer und werden deshalb beim Hammerschmieden nicht verwendet. Besser eignet sich Gußeisen für Gesenke zur Schmiedepressenarbeit und findet besonders Verwendung in der Kümpelei von Blechen und bei der Herstellung von Biegegesenken. Die Haltbarkeit der Gußeisengesenke kann man durch Auflagen von schmiedeeisernen Schrumpfbändern an den besonders stark beanspruchten Stellen erhöhen.

Stahlgußgesenke haben den Nachteil, daß eine saubere und porenfreie Oberfläche, die zur Erzielung eines guten Schmiedestückes unbedingt erforderlich ist, sich nur selten erreichen läßt. Stahlguß findet deshalb auch nur in beschränktem Umfange Verwendung, hauptsächlich bei Biege- und Kümpeleigesenken.

In den meisten Fällen, besonders beim Hammerschmieden, wendet man Gesenke aus Stahl an. Da die Wirtschaftlichkeit des Gesenkschmiedens und damit der Preis des einzelnen Schmiedestückes von der Lebensdauer des Gesenkes stark beeinflußt wird, so muß bei der Wahl des Gesenkmaterials die Anzahl der herzustellenden Werkstücke berücksichtigt werden; je mehr Stücke zu schmieden sind, um so haltbarer muß das Gesenkmaterial sein. Zum Schmieden von Flußeisen genügen meist Gesenke aus Siemens-Martin-Stahl, zum Schmieden von Stahl dagegen wird man den teueren Tiegelstahlgesenken den Vorzug geben.

Die Oberfläche der Gesenke soll möglichst hart und fest sein, da sie im Gebrauch durch das heiße Eisen allmählich entkohlt und weich wird. Die Gesenke schlagen sich dann schnell aus und erhalten Risse. Stahlgesenke werden deshalb meistens an der Oberfläche gehärtet. Hierauf soll später noch näher eingegangen werden.

Bei A. Borsig, Tegel, werden kleinere Stauchgesenke für Spindelpressenarbeit aus Siemens-Martin-Stahl von ca. 75 bis 80 kg Festigkeit hergestellt, die in Öl gehärtet werden, ohne nachfolgendes Anlassen. Gesenke für Fallhammerarbeiten werden aus einem Tiegelstahl von ungefähr 70 kg Festigkeit und 0,8 vH Kohlenstoff angefertigt und ebenfalls gehärtet. Für größere Gesenke für schwere Dampfhammerarbeit wird ein schwach legierter Chromnickelstahl von etwa 80 kg Festigkeit und ca. 1 vH Nickel, $\frac{1}{2}$ vH Chrom und ca. 0,4 vH Kohlenstoff gewählt. Dieser Stahl hat die vorteilhafte Eigenschaft, daß die Entkohlung der Oberfläche durch die heißen Schmiedestücke nicht übermäßig auftritt, weshalb diese Gesenke meistens nicht gehärtet zu werden brauchen. Dieser Stahl ist sozusagen selbsthärtend. Die Kühlung durch die Preßluft beim Ausblasen genügt, um die Oberfläche hart zu erhalten. Für schwere Pressenarbeit und Schmiedemaschinen werden meistens Gesenke aus Siemens-Martin-Stahl benutzt, die nicht gehärtet werden.

3. Konstruktion der Gesenke. Zweckmäßig wird man von jedem Gesenk eine Zeichnung anfertigen, und zwar, wenn angängig, in natürlicher Größe. Zum besseren Verständnis wird man möglichst viele Schnitte durch die Form legen, nach denen dann Schablonen angefertigt werden können, durch welche die spätere Ausarbeitung des Gesenkes leicht kontrolliert werden kann. Selbstverständlich muß bei der Zeichnung das Schwinden des Materials, etwa 1 bis 1,2 vH, berücksichtigt werden, sowie eine entsprechende Zugabe an den mechanisch zu bearbeitenden Stellen. Diese Zugabe darf nicht zu gering gehalten werden, damit der Schneidstahl nicht immer in der harten Kruste zu schneiden braucht, und wird etwa 3—5 mm bei kleineren und mittleren Stücken betragen.

Besonders muß auf die richtige Lage der Teilfuge, an der sich der Grat bildet, geachtet werden, mit anderen Worten, es muß genau überlegt werden, welcher Teil des Stückes in das Obergesenk, welcher in das Untergesenk gelegt werden kann. Hierbei ist zu beachten, daß, wie schon erwähnt, ein Unterschied zwischen Hammergesenken und Pressengesenken besteht: Bei **Hammerarbeit** kommen die Rippen und die größten Einarbeitungen möglichst in das **Obergesenk**, bei **Pressenarbeit** dagegen in das **Untergesenk**.

Bei der Festlegung der Gratnaht ist ferner zu berücksichtigen, daß die Abgratwerkzeuge — Schnittplatte und Stempel — möglichst einfache Form erhalten, und daß das fertige Schmiedestück leicht kontrolliert werden kann.

Wenn man auch die Gesenke von vornherein nach Möglichkeit genau ausrichtet — durch entsprechende Maßnahmen, auf die gleich noch eingegangen werden soll — so empfiehlt es sich doch, nach dem Schlagen des ersten Stückes dasselbe genau zu kontrollieren und danach die Gesenke evtl. nachzurichten. Auch muß dieses Nachrichten nach dem Schmieden einer bestimmten Stückzahl immer wieder erfolgen, da sich ja durch die harten Schläge die Gesenke verschieben können. Eine schlecht gelegte Gratnaht wird dieses Kontrollieren sehr erschweren! —

Zur Aufnahme des Grates, der bei kleineren Stücken erfahrungsgemäß eine Stärke von etwa 3 mm haben muß, wird die Oberfläche der Gesenke in verschiedener Weise ausgeführt.

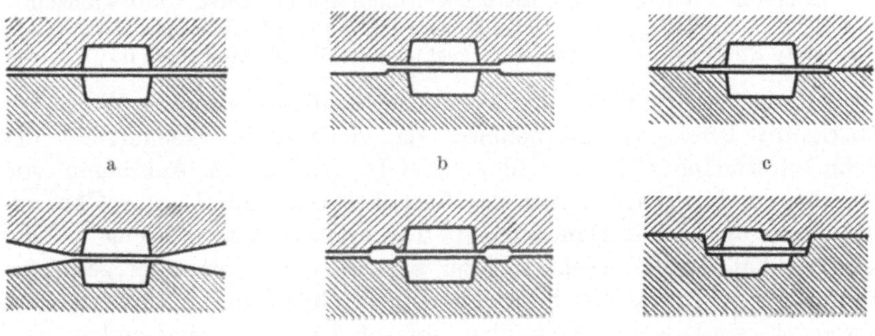

Abb. 1. Darstellung von sechs verschiedenen Ausführungsbeispielen von Gratbahnen.

Auf Abb. 1 sind sechs verschiedene Ausführungsbeispiele von Gratbahnen dargestellt.

Abb. 1a zeigt das Gesenk mit grader Oberfläche, d. h. der Grat kann sich ohne Beschränkung nach allen Seiten hin bilden. Da die volle Fläche des Grates unter Umständen die Hauptarbeit des Hammers aufnimmt, so besteht die Gefahr, daß einmal infolge der starken Beanspruchung durch Schlagen auf den kalten Grat das Gesenk platzt; andererseits kann es auf diese Weise leicht vorkommen, daß das Gesenk nicht voll ausgeschlagen wird. Es muß daher der Rohling nach Gewicht möglichst genau bestimmt sein, damit die Gratbildung nicht zu übermäßig auftritt. Der Übelstand wird beseitigt durch die Ausführung nach

Abb. 1b. Hierbei ist die Gratbahn auf eine Breite von 20—30 mm, je nach Größe des Schmiedestückes beschränkt dadurch, daß die übrige Oberfläche des Gesenkes entsprechend frei gearbeitet ist; selbst ein noch so reichlicher Grat kann bei dieser Ausführung immer nur den gleichen Widerstand leisten.

Beide Ausführungen haben den Nachteil, daß die Schmiedestücke nicht ganz genau maßhaltig geschlagen werden, da der Grat verschieden stark ausfallen kann. Man ist hierbei sehr von der Übung und dem Geschick des Arbeiters abhängig. Da aber die Ausführung nach Abb. 1b die Gesenke selbst sehr schont, wird man bei Herstellung von Teilen, bei denen es nicht auf äußerste Genauigkeit ankommt, mit Vorteil diese Ausführung anwenden, zumal ein geübter Arbeiter mit ziemlicher Genauigkeit den Grat immer in derselben Stärke hält.

Ausführung nach Abb. 1c kommt in Frage für Teile, die genau auf Maß geschmiedet werden sollen. Die Aussparung für den Grat muß reichlich bemessen sein; das Schlagen des Schmiedestückes erfolgt so lange, bis die Gesenkhälften aufeinandertreffen. Hierin beruht jedoch der Nachteil dieser Gesenke, da durch das harte Aufeinanderschlagen der beiden Gesenkhälften dieselben außerordentlich beansprucht werden. Für schwere Hammerarbeiten ist daher diese Form der Gratbahn wenig geeignet.

Ausführung der Gratbahn nach Abb. 1d und 1e findet man ebenfalls angewendet, besonders im Auslande. Die Gesenke bilden nur Abarten nach Abb. 1b, haben aber den Nachteil, daß, falls die Breite der Gratbahn zu gering gehalten wird, der Grat infolge des zu hohen Auflagedruckes zu dünn wird, dadurch zu schnell erkaltet und infolge des nun sehr harten Schlages die Gesenkkanten zerstört, unter Umständen sogar zustaucht, so daß das Werkstück sich sehr schwer aus dem Gesenk lösen läßt. Derartige Gesenke erfordern sehr viel Nacharbeiten.

Abb. 1f zeigt die Ausführung einer Gratbegrenzung, die den Grat nach einer oder mehreren Richtungen am Ausweichen hindern soll. Diese Gratbegrenzungsleisten, vielfach als Ringe ausgebildet, geben auch gleichzeitig den Gesenkhälften eine bestimmte Stellung zueinander und erleichtern somit das Ausrichten im Hammer.

Auf das Ausrichten, und zwar auf möglichst einfache Weise, ist überhaupt Rücksicht zu nehmen, da hiervon die Genauigkeit des Schmiedestückes abhängt. Man erreicht dies durch Anbringen von Marken an den Außenseiten des Gesenkes oder durch gute Übereinstimmung der Außenabmessungen. Diese letztere Ausführung wählen wir bei Fallhammergesenken. Bei schweren Dampfhammergesenken kann die Festlegung durch zwei Zapfen erfolgen, die im Unterteil fest eingepreßt sind, während sie oben konisch zugespitzt sind und in entsprechende Bohrungen des Obergesenkes eingreifen.

Bei der Konstruktion der Gesenke ist ferner auf alle diejenigen Punkte zu achten, welche die Reibung des Materials an den Gesenkwänden vermindern und ein gutes Fließen des Materials in alle Teile der Gesenkform gewährleisten. Dazu gehört in erster Linie, daß einerseits scharfe Ecken vermieden werden, die einen plötzlichen Richtungswechsel des Materials beim Fließen verursachen, und andererseits überall starke Abrundungen vorgesehen werden. Auch müssen, um das Loslösen der Werkstücke aus dem Gesenk zu ermöglichen, die senkrecht zur Gesenkoberfläche stehenden Wände eine Neigungszugabe haben. Im allgemeinen genügt es, die Neigung mit ungefähr 5—7° auszuführen.

Das gleiche gilt für die Ausführung der Rippen, bei denen die Neigung unter Umständen erheblich größer gewählt werden muß; das Verhältnis der Höhe der Rippen zu ihrer Breite ist hierbei von ausschlaggebender Bedeutung. Vielfach wählt man die Neigung im Oberteil etwas größer als im Unterteil, da sonst das Werkstück nach dem Schlagen leicht im Obergesenk haften bleibt.

Bei ganz tiefen Einarbeitungen, besonders bei Stücken, die in mehreren Hitzen geschlagen werden, müssen an den betreffenden Stellen Entlüftungsbohrungen von ungefähr 5—10 mm Durchmesser vorgesehen werden, da sonst die eingeschlossene Luft, die sich infolge ihrer Erwärmung noch auszudehnen versucht, nicht ausweichen kann und das Steigen des Materials in die tiefsten Teile verhindert.

Bei Stücken, die einseitig sehr stark geneigt sind und infolgedessen eine Schubwirkung beim Schlagen hervorrufen würden, sind besondere Vorkehrungen zu treffen, damit die Führungen des Hammers bzw. der Presse nicht zu stark beansprucht werden oder die Gesenke sich lockern. Dieser Schubwirkung zwischen Gesenkober- und -unterteil kann man begegnen durch Anbringung von entsprechend hohen Führungsleisten oder durch Ausschlagen von Doppelstücken, d. h. indem man zwei gleiche Stücke, die entgegengesetzt angeordnet werden, gleichzeitig im Gesenk schmiedet.

Die äußeren Abmessungen der Gesenke sind zu bestimmen nach der Größe der Oberfläche des Schmiedestückes sowie nach der Einarbeitungstiefe. Es muß genügend Material an den Wänden vorhanden sein, damit die Gesenke nicht deformiert werden bzw. Risse erhalten.

Lassen sich schwache Stellen schlecht vermeiden, so kann man durch Anbringen von Schrumpfringen das Gesenk entsprechend verstärken.

Zweckmäßig wird man die Gesenkabmessungen normen, damit sie möglichst für alle in Frage kommenden gleichen Maschinen passen und dadurch dem Betriebsingenieur weitestgehender Spielraum in der Ausnutzung dieser Maschinen gegeben ist.

Auf Abb. 2 sind die bei A. Borsig gewählten Abmessungen der Gesenke für Spindelpressen, Fallhämmer, Dampfhämmer und Schmiedemaschinen angegeben.

Daß die Normung der Gesenke sich auch auf die Befestigung erstrecken muß, ist selbstverständlich, damit ein Gesenk für mehrere Hämmer bzw. Pressen benutzt werden kann. Die Befestigung der Gesenke kann in verschiedener Weise geschehen, die meist von der Maschinengattung abhängig ist. Im allgemeinen werden die Gesenke bei Fallhämmern und Dampfhämmern mit Schwalbenschwanz und Doppelkeil direkt im Hammerbär bzw. in der Schabotte verkeilt. Bei schweren Hämmern werden vielfach die Gesenke gegen Verschiebung noch durch eine Quernut und Feder gesichert. Bei Preßgesenken findet man neben der Befestigung durch Schwalbenschwanz und Keile auch vielfach eine Befestigung durch Schrauben. Diese ist bei den

Preßgesenken auch ohne weiteres zulässig, dagegen bei Hammergesenken vollkommen zu verwerfen, weil die Schrauben die starken Erschütterungen der Schläge nicht aushalten.

Für Vorgesenke gelten die gleichen Regeln. Natürlich muß man dabei berücksichtigen, daß das im Vorgesenk geschlagene Stück ein Mittelding zwischen Rohling und Fertigstück sein soll mit dem Zweck, die Deformationsarbeit des Fertiggesenkes zu erleichtern. Sollen Stücke in einer Hitze geschlagen werden, so müssen für das Vorgesenk und das Fertiggesenk zwei unmittelbar nebeneinander liegende Hämmer ver

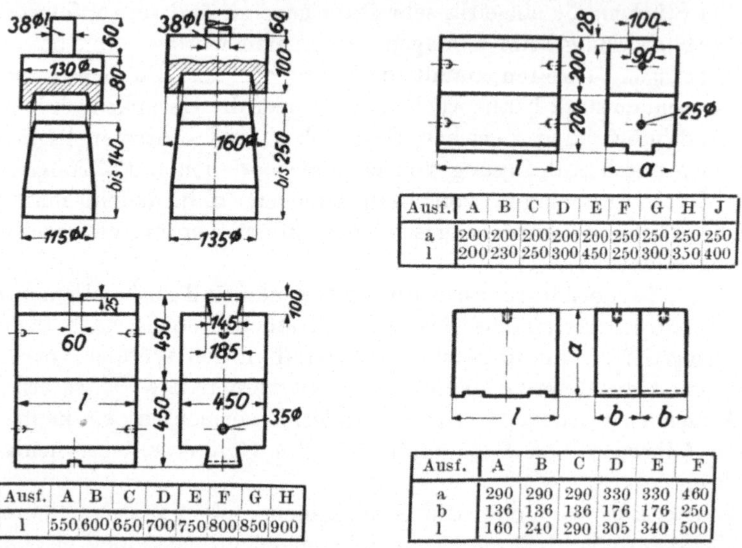

Ausf.	A	B	C	D	E	F	G	H	J
a	200	200	200	200	200	250	250	250	250
l	200	230	250	300	450	250	300	350	400

Ausf.	A	B	C	D	E	F
a	290	290	290	330	330	460
b	136	136	136	176	176	250
l	160	240	290	305	340	500

Ausf.	A	B	C	D	E	F	G	H
l	550	600	650	700	750	800	850	900

Abb. 2. Angabe der bei der A. Borsig, Berlin-Tegel gewählten Abmessungen der Gesenke für Spindelpressen, Fallhämmer, Dampfhämmer und Schmiedemaschinen.

wendet werden, damit das Schmiedestück während des Transportes von dem einen Gesenk zum anderen nicht zu sehr abkühlt. Wie schon vorher erwähnt, legt man bei kleinen Teilen Vorgesenk und Fertiggesenk in denselben Gesenkklotz, wodurch die Abkühlungsverluste fast vollkommen vermieden werden, weil der Transportweg kurz ist.

4. Anfertigung der Gesenke. Die Fertigung der Gesenke wird sich ganz nach Art des Materials, d. h. ob sie aus Gußeisen, Stahlguß oder geschmiedetem Stahl bestehen, wesentlich verschieden gestalten. Erstere beiden Arten erhalten ihre Form in der Gießerei durch Einformen und Abgießen von entsprechenden Modellen. Die mechanische Bearbeitung ist meist nur sehr geringfügig; sie beschränkt sich auf ein Glätten der eigentlichen Form durch Schleifen, Feilen oder Schaben und auf die Bearbeitung der Auflageflächen. Die Gußkruste der Form soll durch das Glätten nicht zu sehr in Mitleidenschaft gezogen werden, da sie am widerstandsfähigsten ist. Kleinere Löcher in der Oberfläche müssen zugeschweißt werden.

Die Fertigung der Gesenke aus Siemens–Martin- bzw. Tiegelstahl geschieht aus vollem Material. Die Rohblöcke, die in entsprechender Zusammensetzung im Stahlwerk gegossen sind, werden unter der Presse gut durchgeschmiedet, auf Maß gebracht und in Stücke zertrennt. Nach dem Schmieden ist ein gutes Glühen notwendig (830⁰). Kleine Brettfallhämmergesenke wird man zweckmäßig allseitig bearbeiten. Der Schwalbenschwanz muß unbedingt zu den Längsflächen parallel laufen und ist daher mit diesen in einer Aufspannung zu hobeln. Die Form des Schwalbenschwanzes wird durch Schablone kontrolliert.

Bei großen Dampfhammergesenken wird bei A. Borsig nur Oberfläche und Befestigungsfläche, d. h. der Schwalbenschwanz, bearbeitet. Die Seitenflächen werden sauber geschmiedet.

Um das Vorzeichnen zu erleichtern, bestreicht man die Oberflächen der Gesenkhälften mit Schlemmkreide oder bei Werkstücken, die größere Genauigkeit erfordern, mit Kupfervitriol. Bei allseitig bearbeiteten Gesenken legt man die beiden Gesenkhälften nebeneinander und kann so die Oberflächenumrisse auf beide Gesenkhälften auftragen, wobei man also von der Teilfuge der beiden Gesenke ausgeht. Gesenke mit rohen Außenflächen müssen nach dem Schwalbenschwanz ausgerichtet werden. Demgemäß wird ein Mittelriß auf die Oberfläche aufgezeichnet, oder aber es wird bereits beim Hobeln mit einem Spitzstahl ein feiner Riß über die Oberfläche gezogen. Tiefe Ausarbeitungen werden zweckmäßig erst vorgebohrt, um die Fräswerkzeuge zu schonen. Diese Löcher werden auch zweckentsprechend vorgezeichnet und auf der Gesenkoberfläche mit Tiefenangabe versehen, die beim Bohren genau eingehalten werden muß. Das stehengebliebene Material zwischen den Bohrlöchern wird mit dem Kreuzmeißel entfernt. Dann erfolgt die weitere Bearbeitung durch Drehen oder Fräsen. Letzteres geschieht am besten auf einer Vertikalfräsmaschine, von denen jetzt eine Reihe von Spezialkonstruktionen auf dem Markte zu haben sind.

Die Fräser wird man zweckentsprechend ausbilden. Zum Fräsen der geneigten Wände dienen Fräser mit konischer Schnittfläche, die an der Stirn entsprechende Radien besitzen. Neben zylindrischen Schaftfräsern verwendet man auch Kugelfräser, Spitzsenker usw.

Das Kontrollieren der Formen geschieht bei A. Borsig durch Gipsabgüsse, die durch Drahteinlagen die nötige Steifheit erhalten; die Formen müssen dazu vorher leicht eingeölt werden. Vielfach nimmt man auch Bleiabgüsse oder Bleiabdrücke durch Schlagen unter dem Fallhammer.

Ist ein Gesenk nach längerem Gebrauch schadhaft geworden, so kann man es durch Ausbessern noch einige Zeit brauchbar erhalten.

Die Nacharbeit der Gesenke von Hand ist aber sehr zeitraubend und kostspielig; es ist daher sowohl bei der Konstruktion des Gesenkes, als auch schon vorher bei der Konstruktion des Schmiedestückes darauf zu achten, daß die Gesenkherstellung eine möglichst einfache wird. Das Konstruktionsbureau und die Werkstatt sollen daher — besonders bei der Herstellung von Massenartikeln — Hand in Hand arbeiten.

5. Härten der Gesenke. Auf die Definition des Härtebegriffs und die Erklärung der Gefügeänderungen, die während des Härtens im Material eintreten, soll an dieser Stelle nicht eingegangen werden. Unsere Aufgabe soll es sein, nur die praktischen Gesichtspunkte hervorzuheben.

Die Gesenkform muß eine gewisse Härte besitzen, dabei sollen Kanten und hervorstehende Ecken nicht allzu schnell ihre Form verlieren. Wenn man daher für Gesenke nicht selbsthärtenden Stahl (schwach legierten Chromnickelstahl), der, durch Preßluft gekühlt, immer wieder eine gute Oberflächenhärte erhält, verwendet, sondern Siemens–Martin- oder Tiegelstahl, so muß die Oberfläche dieser Gesenke besonders gehärtet werden. Das „Härten" besteht im Anwärmen und Abschrecken des Stahls.

Vor dem Erhitzen im Glühofen ist es zweckmäßig, das Gesenk erst langsam auf eine Temperatur von 100—150⁰ (Handwärme) zu bringen. Dann kann das Gesenk in den Ofen eingebracht werden und auch hier soll die Erhitzung eine langsame und gleichmäßige sein, bis die kritische Temperatur überschritten ist.

Danach erfolgt das Abschrecken im Wasser- oder Ölbade. Die Härtewirkung des Wassers ist bedeutend kräftiger als die des Öles, jedoch reißen komplizierte Gesenke leicht beim Härten im Wasserbade. Beim Härten im Wasserbade, das eine Temperatur von ca. 20⁰ haben soll, wird das Gesenk mit der Oberfläche nach unten auf einen Rost gelegt, so daß es ca. 3—5 cm eintaucht. Von unten läßt man einen kräftigen Wasserstrahl aus kurzer Entfernung in die Gesenkform eindringen, damit Luft und Dampf sich nicht an der Oberfläche festsetzen können. Ist das Gesenk bis auf ca. 300⁰ heruntergekühlt, so kühlt man es von oben her vollständig ab. — Beim Härten in Öl werden die Gesenkhälften hochkant mit der Form nach der Seite auf einen Rost gelegt und unter fortwährendem Hin- und Herschwenken schnell in das Ölbad getaucht. Hierin bleibt das Gesenk bis zum völligen Erkalten. Das Ölbad muß selbstverständlich durch entsprechende Kühlschlangen gekühlt werden.

Um jedoch eine Glashärte zu vermeiden und dem Gesenk eine gewisse Zähigkeit zu geben, werden die Gesenke noch vielfach angelassen.

Obwohl die Stahlwerke genaue Anweisungen für das Härten des gelieferten Gesenkstahls geben, kann man trotzdem nicht auf gut geübte Härter verzichten, die mit der Behandlung jedes einzelnen Materials vertraut sind.

6. Abgratstanzen. Beim Entwerfen der Abgratstanzen muß vor allem berücksichtigt werden, ob das Stück kalt oder warm abgegratet werden soll. Beim Warmabgraten wird — mit Rücksicht auf das Schwinden — dié Oberfläche der Schnittplatte nach der Gesenkform, beim Kaltabgraten nach den Fertigmaßen des Schmiedestückes vorgezeichnet.

Die Abgratstanze besteht aus drei Hauptteilen, dem Stempel, dem Abstreifer und der Schnittplatte. Nach Art der Stanzen unterscheidet man geschlossene, halboffene und ganz offene.

Als Material für Warmabgratstanzen benutzt man Siemens-Martin-Stahl, für Kaltabgratstanzen Werkzeugstahl mit etwa 0,8 v. H. Kohlenstoff.

Um eine gute Schnittwirkung zu erzielen, gibt man der Schnittplatte vielfach einen Schnittwinkel von etwa 10^0. Beim Nachschleifen der Oberfläche jedoch vergrößert sich dann die Form mehr und mehr und es wird so die Schnittplatte bald unbrauchbar. Die Firma Borsig hat daher einen anderen Weg gewählt. Zwischen Stempel und Schnittplatte wird bis zu $\frac{1}{2}$ mm Luft gelassen, die Wände der Schnittplattenform verlaufen 10—20 mm senkrecht und werden darunter frei gefräst. Selbst nach öfterem Nachschleifen behalten so die Schnittplatten ihre Form.

Die Formgebung der Schnittplatten und Stempel geschieht durch Ausbohren, Stoßen oder Fräsen und Fertigmachen von Hand. Zur Materialersparnis setzt man vielfach den Stempel in einen Halter aus gewöhnlichem Eisen ein. Das Härten und Anlassen der Stanzzeuge erfolgt, wenn überhaupt, in der gleichen Weise wie das der Gesenke.

Bei Stücken, die im Konusgesenk oder auf der Schmiedemaschine hergestellt werden, ist manchmal ein Abgraten mit dem Preßluftmeißel, evtl. auch nur ein Abschmirgeln des Grates nötig. Auch für große Stücke, z. B. große Rohrflanschen, fertigt man kein Abgratgesenk an, sondern entfernt den Grat mit der Schere und schmirgelt die Stelle nach.

IV. Maschinen und Einrichtungen in der Gesenkschmiede.

Die hauptsächlichsten Maschinen, welche in der Gesenkschmiede Anwendung finden, sind: Spindelpresse, Exzenterpresse, Fallhammer, Dampfhammer, Lufthammer, hydraulische Presse und Wagerecht-schmiedemaschine. Alle sind, bis vielleicht auf die letztgenannte, hinreichend bekannt, so daß ihre Konstruktion hier nicht näher erläutert zu werden braucht.

Spindelpressen werden hauptsächlich zur Herstellung von Nieten, Schraubenköpfen und dergleichen benutzt. Exzenterpressen finden in erster Linie als Abgratpressen und zum Stanzen von schwachen Blechen Verwendung.

Die am meisten in der Gesenkschmiede benutzte Maschine ist —
wenigstens für kleinere und mittlere Schmiedestücke — der Fallhammer.
Von den drei Arten: Seil-, Riemen- und Brettfallhammer hat der letztere
am meisten Verbreitung gefunden; er wird bis zu einem Bärgewicht von
etwa 2500 kg gebaut.

Abb. 3. Brettfallhammer.

Abb. 3 stellt den bekannten Brettfallhammer dar. Die nächste
Abb. 4 zeigt einen Fallhammer neuester Konstruktion der Firma
Eulenberg, Moenting & Co., bei dem der Bär mittels einer dünnen
Stange, die eine besonders gut durchkonstruierte Befestigung auf-
weist, durch Dampf oder Preßluft gehoben wird. Abb. 5 ist eine
Exzenterpresse, die vielfach als Abgratpresse benutzt wird. Hammer
und Abgratpresse werden nebeneinander aufgestellt, um das Abgraten

sofort nach dem Schmieden, also bei Ersparung nochmaligen An-
wärmens, vornehmen zu können.

Wie schon vorher erwähnt, eignet sich der Hammer besonders gut
für Gesenkschmiedearbeiten infolge
seiner Wirkung in der Schlagrichtung.
Es sei aber außerdem noch kurz auf
die anderen Vorteile des Hammers gegenüber der Presse hingewiesen. Die Abkühlung des Werkstückes ist infolge der kurzen Berührung durch den Hammerbär geringer;
die Gesenke selbst erwärmen sich
nicht so stark und können zwischen
den einzelnen Schlägen durch Ausblasen mit Preßluft gekühlt werden.
Dadurch werden gleichzeitig die
Reste des schon von selbst abspring-
genden Zunders entfernt und die
Werkstücke erhalten ein sauberes
Aussehen.

Ein Nachteil des Hammers ist
der Verlust der auf das Fundament
und den Erdboden übertragenen
Energie. Dieser Übelstand kann
durch eine reichliche Bemessung
der Schabotte und des Fundaments
abgeschwächt werden. Im allgemeinen kommt man mit einem Gewicht der Schabotte aus, das dem
15—20 fachen Bärgewicht entspricht.

Hauptvorzüge des Fallhammers
sind seine einfache Konstruktion,
die leichte Bedienung durch einen
Mann und einfache Fundamentierung.

Als Fundament genügt ein reichlich bemessener Betonklotz, in den,
auf einer Zwischenlage aus Eisen-

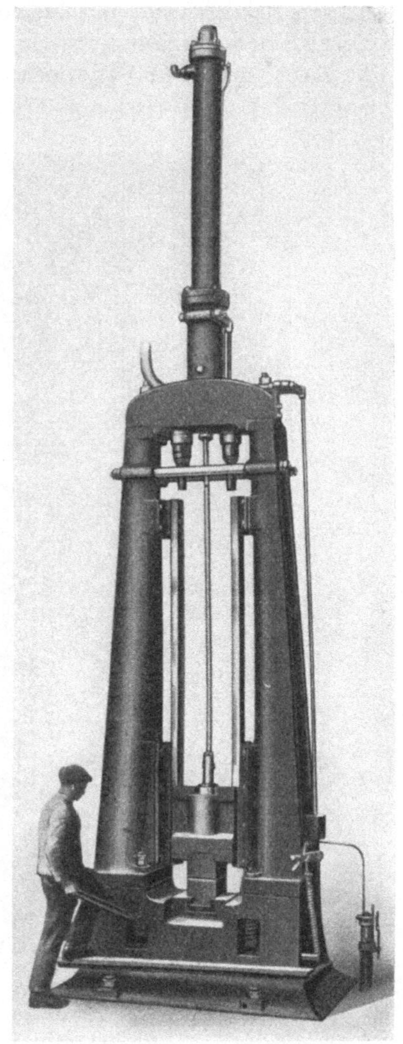

Abb. 4. Fallhammer neuester Konstruktion von Eulenberg, Moenting&Co.

filz ruhend, die mit dem Fallhammergerüst starr verbundene Schabotte
ohne besondere Verankerung eingebettet wird. —

Die lebendige Kraft des herabfallenden Bärs wird bei dem Fallhammer in Arbeit umgesetzt. Man könnte der Ansicht sein, daß ein

leichtes Bärgewicht mit großer Fallgeschwindigkeit — entsprechend
einer großen Fallhöhe, — dieselbe Wirkung erzielen würde wie ein
schweres Bärgewicht mit kleiner Fallgeschwindigkeit — entsprechend
einer kleinen Fallhöhe — wenn nur die lebendige Kraft in beiden Fällen
die gleiche ist. Dem ist je doch nicht so. Wie schon vorher auseinander-
gesetzt, hängt die Wirkungvon dem Verhältnis der Druckgeschwindigkeit

Abb. 5. Exzenterpresse.

zur Formänderungsgeschwindigkeit ab. Je mehr die Druckgeschwindigkeit die Formänderungsgeschwindigkeit überschreitet, um so geringer
ist die Wirkung! Daher sind schwere Bärgewichte bei geringer Fallhöhe vorzuziehen.

Während der Fallhammer in der Gesenkschmiede mit Recht eine
hervorragende Stelle einnimmt, sind über die Anwendung des Dampfhammers die Ansichten sehr geteilt. In der Tat werden ja durch die
notwendigen harten Schläge beim Gesenkschmieden die Haupt-

konstruktionsteile, besonders Kolben und Kolbenstange, sehr hoch
beansprucht. Jedoch dürften die vielen Brüche an den Dampfhämmern
zum großen Teil auf falsche Fundamentierung zurückzuführen sein.

Abb. 6 zeigt links die bisher fast allgemein angewendete Art der Ausführung eines Dampfhammerfundaments. Die Schabotte ist nicht nur,
wie meistens üblich, vom Ständer getrennt, sondern hat auch ein besonderes Fundament. Zwischen Schabotte und Fundament wird gewöhnlich noch eine elastische Unterlage aus Holz eingelegt. Beim Betrieb stellt sich folgendes ein: Die starken Massenwirkungen des Bärs
übertragen sich durch die Schabotte auf das Fundament und das Erd-

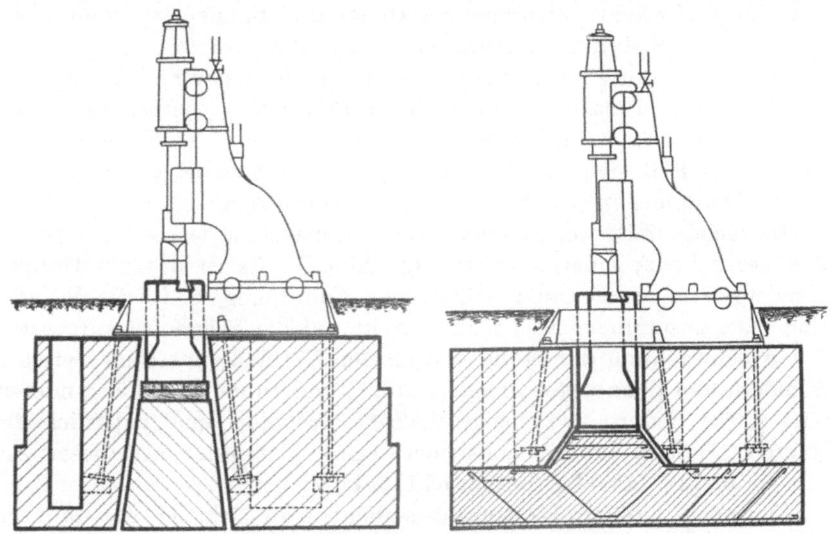

Abb. 6. Dampfhammer, Fundament.

reich und werden von diesem aufgenommen. Da die Fundamentsohle
der Schabotte verhältnismäßig klein ist, so wird gerade hier eine größere
Beanspruchung des Bodens auftreten, als an der des eigentlichen
Hammerfundaments, welches eine erheblich größere Auflagefläche hat;
infolgedessen wird sich das Fundament der Schabotte senken. Da dieses
Senken nicht ganz gleichmäßig erfolgt, stellt sich die Schabotte schief.
Überdies wird durch das unvermeidlich an der Kolbenstange herabfließende Kondenswasser die Holzunterlage aufgeweicht, das Holz wirft
sich und verursacht ein weiteres Schiefstellen der Schabotte. Macht
beim Freiformschmieden dieser Übelstand sich schon unangenehm
bemerkbar, so hat er für das Gesenkschmieden die allerschwersten
Folgen. Ein genaues wagerechtes Einstellen der Gesenke ist kaum
möglich und die schiefen, einseitig wirkenden Schläge zerstören nicht
nur in kurzer Zeit die Gesenke, sondern führen auch infolge der ein-

seitigen Beanspruchung zu Brüchen der Kolbenstange, des Kolbens und des Zylinders. Diese Nachteile werden durch die Ausführung des Fundaments, wie auf der Abbildung rechts gezeichnet, zum größten Teile vermieden.

Das Fundament der Schabotte ist hier nicht vom Hammerfundament getrennt, sondern in gewissem Sinne mit ihm vereinigt. Es bildet mit seiner breit ausladenden Grundfläche eigentlich das Hauptfundament, auf dem das Hammerfundament aufgebaut ist. Die Ausführung in Eisenbeton gewährleistet eine gute Übertragung des Schlages auf die ganze Grundplatte; der Schlag selbst wird infolge ihrer großen Masse stark abgeschwächt. Zwischen Schabotte und Fundament kommt eine dünne Eisenfilzplatte, die genügend Elastizität besitzt.

Bei Anwendung solcher Fundamente können gewöhnliche Dampfhämmer — und naturgemäß auch Lufthämmer — unbedenklich für mittlere Gesenkschmiedearbeiten benutzt werden. Eine gewisse Ungenauigkeit läßt sich indessen beim Einständerhammer durch das einseitige Durchbiegen des Ständers nicht vermeiden.

In neuerer Zeit werden daher für Gesenkschmiedearbeiten Spezialhämmer gebaut; einen solchen zeigt Abb. 7. Es ist das ein Doppelständergesenkhammer in geschlossener Anordnung, d. h. die Ständer sind nahe zusammengerückt und direkt auf die Schabotte aufgesetzt. Zur Abschwächung der Stöße sind an den Verbindungsstellen zwischen Ständern und Schabotte einerseits und Ständern und Zylinder andererseits starke Federn zwischengeschaltet. Trotzdem muß natürlich der Hammer äußerst kräftig konstruiert sein. Dampfhämmer dieser Art werden bis zu 6000 kg Bärgewicht gebaut.

Für noch größere Leistungen bedient man sich der sogenannten Brückenhämmer, die bis zu 10000 kg Bärgewicht besitzen. Die die Gesenke zerstörende Massenwirkung dieser Hämmer und die großen Erschütterungen, welche die Aufstellung der Hämmer in der Nähe von Wohngebäuden nicht erlauben, setzen der Anwendung der Dampfhämmer von selbst eine Grenze.

Die hydraulische Presse ist, wie schon vorher erwähnt, dem Hammer an Wirtschaftlichkeit überlegen, da die Fundamentverluste fortfallen. Als Nachteil steht dem gegenüber, daß infolge des langsamen Arbeitens der Presse das heiße Schmiedestück längere Zeit mit dem kalten Gesenk in Berührung kommt und so eine starke Abkühlung erfährt, so daß besonders bei geringen Querschnitten das Material die Gesenkform nicht mehr ausfüllen kann. Man wird deshalb die Presse hauptsächlich bei schweren Schmiedearbeiten verwenden, wo es auf eine große Tiefenwirkung ankommt. Da ein langsamer Schmiedevorgang überdies die Gesenke infolge der großen Wärmeübertragung stark angreift, wird man zweckmäßig Pressen mit schnellen Bewegungen und großen Preßwegen benutzen, d. h. man wird den rein hydraulischen Pressen den Vorzug vor den dampfhydraulischen Pressen geben. Zum leichteren Einbau der Gesenke versieht man die Presse meist noch mit

Abb. 7. Doppelständer-Gesenkhammer von Eulenberg, Moenting & Co.

einem Schiebetisch und rüstet sie noch mit besonderen Ausstoß-vorrichtungen aus, um das Werkstück leichter aus dem Gesenk nehmen zu können.

Ein weiterer Nachteil der Presse ist, daß der Zunder nicht abfallen kann und sich in die Oberfläche des Werkstücks einpreßt. Die auf der

Presse hergestellten Gesenkschmiedestücke sehen daher gewöhnlich
nicht so sauber aus wie die mit dem Hammer geschlagenen.

Besondere Verwendung finden die hydraulischen Pressen als Abgratpressen für mittlere und schwere Gesenkschmiedestücke sowie in der
Kümpelei, auf die später noch kurz eingegangen wird.

Zum Schluß mag von den Maschinen, welche in der Gesenkschmiede
gebraucht werden, noch eine Wagerechtschmiedemaschine erwähnt
werden, und zwar die bekannte Schmiedemaschine von Defries
(Abb. 8).

Abb. 8. Wagerecht-Schmiedemaschine von Defries.

Auf der nächsten Abb. 9 ist deren Arbeitsweise schematisch dargestellt.

Die von der Transmission oder dem Elektromotor angetriebene
Kurbelwelle bewegt durch eine ausschwenkbare Schubstange den
Stauchschlitten mit der Patrize, auch Stempel genannt. Von dem
Schlitten wird die Betätigung der beweglichen Klemmbacke abgeleitet,
die mit der feststehenden zweiten Klemmbacke zusammen die Matrize
bildet. Erforderlich ist, daß nach einem kurzen Weg des Stauchschlittens
die Klemmbacken, die zum Festhalten des Materials dienen, geschlossen
sind und daß nach dem Klemmbackenschluß der Stauchschlitten noch
einen großen Weg zurücklegen kann, ohne daß die Klemmbacken sich
lösen. Das wird bei dieser Maschine durch ein Kniehebelsystem mit drei
Festpunkten erreicht.

Im Gegensatz zu den Gesenkschmiedearbeiten mittels Fallhammers
oder Presse wird also bei der Schmiedemaschine ein Material von
schwächerem Querschnitt durch Stauchen in die gewünschte Form gepreßt. Ist das Material richtig bemessen, so ist die Gratbildung so

gering, daß ein besonderes Abgraten des Schmiedestückes überflüssig
ist; es genügt meistens, es auf einer Warmfräse abzuschleifen.

Die Hauptvorzüge der Schmiedemaschine sind: Ersparnis an Werkstoff und damit Verminderung der Herstellungskosten sowie große
Leistung und damit Ersparnis an Löhnen. —

Es wird gegen die Schmiedemaschine oft der Einwand erhoben,
daß das Schmiedestück nicht so gründlich durchgearbeitet wird wie bei
Herstellung mittels Hammer oder Presse, jedoch ist dieser Einwurf in

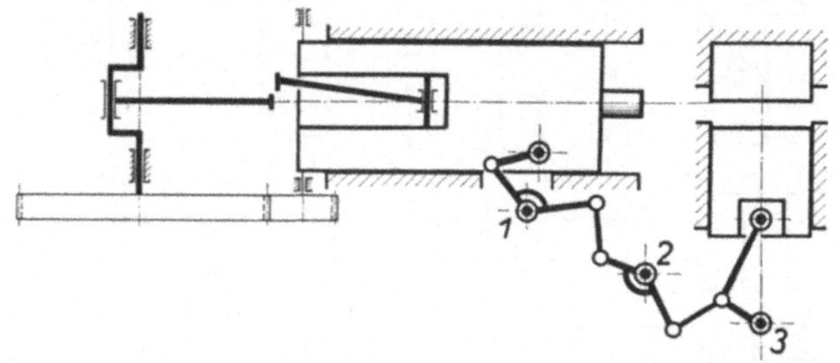

Abb. 9a zeigt die Maschine in Ruhestellung mit geöffneten Gesenken,

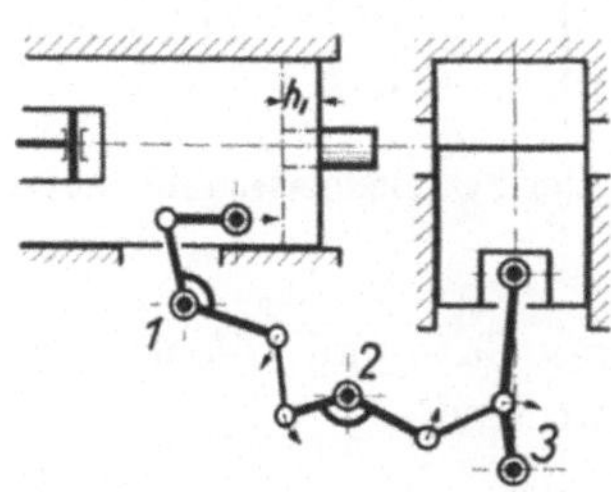

Abb. 9b in der Stellung, bei der die
Klommbacken sich gerade geschlossen
haben,

Abb. 9c am Ende des Stauch-
vorganges.

Abb. 9. Darstellung der schematischen Arbeitsweise der Wagerecht-Schmiedemaschine von Defries.

den meisten Fällen nicht berechtigt. Bei einfachen Staucharbeiten,
zumal wenn es sich um kein besonderes hochwertiges Material handelt,
ist die Schmiedemaschine sehr am Platze und wird noch viel zu wenig
angewendet.

Die Abb. 10 zeigt beispielsweise eine Reihe von Schmiedestücken,
die vorteilhaft auf der Schmiedemaschine hergestellt werden.

Von den übrigen zur Gesenkschmiede gebrauchten Einrichtungen
wären noch die Wärmeeinrichtungen als besonders wichtig zu erwähnen. Die in Frage kommenden wichtigen größeren Wärmeöfen sind
schon in dem Aufsatze über das Freiformschmieden besprochen

worden, so daß deren Beschreibung nicht nötig ist. Beim Gesenkschmieden der kleineren Teile benutzt man meistens besondere

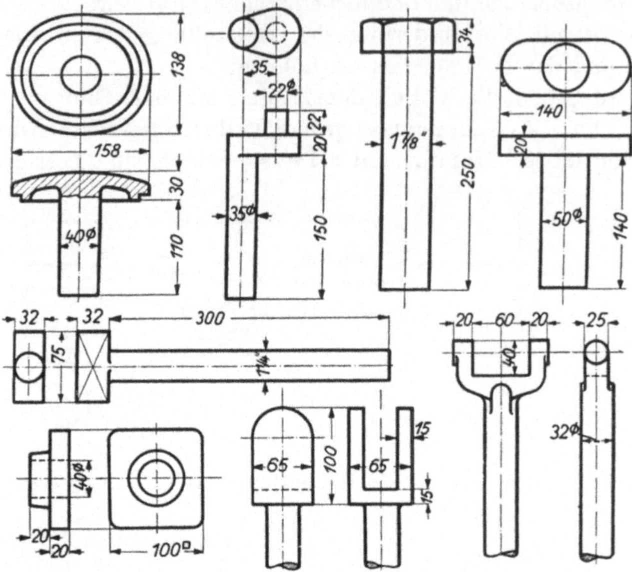

Abb. 10. Schmiedestücke, die vorteilhaft auf der Schmiedemaschine hergestellt werden.

Ständerglühöfen einfacher Art mit Koks-, Gas- und Ölfeuerung, die hinreichend in Fachzeitschriften behandelt sind.

V. Beispiele von Gesenkschmiedearbeiten.

Wenn im folgenden die Herstellung einiger Gesenkschmiedestücke geschildert wird, so sei dabei ausdrücklich hervorgehoben, daß es sich nicht um Musterbeispiele handelt, sondern daß die gleichen Schmiedestücke auch auf andere Weise, vielleicht sogar ebenso rationell, hergestellt werden können. Es sind eben Ausführungen, die von der Art des Betriebes von A. Borsig abhängig sind, wobei natürlich die dortigen langjährigen Erfahrungen berücksichtigt worden sind.

1. Spindelpresse. Es seien zunächst zwei Beispiele für Spindelpressenarbeit angeführt:

Auf Abb. 11 sehen wir die Herstellung eines einfachen Niets von 23 mm Schaftdurchmesser.

Der mit der Schere auf Länge abgeschnittene Rohling wird am Kopfende erhitzt. Der Schaft wird vor dem Einsetzen ins Gesenk schnell im Wasser auf Länge abgekühlt. Die Presse hat einen Ausstoßer, auf dem der Niet aufsitzt, und der den ganzen Druck aushalten und deshalb dementsprechend kräftig ge-

halten sein muß. Das Stauchen des Kopfes erfolgt in einem Hub; der hochgehende
Hammerbär betätigt den Ausstoßer durch einen Mitnehmer. Das Abgraten erfolgt

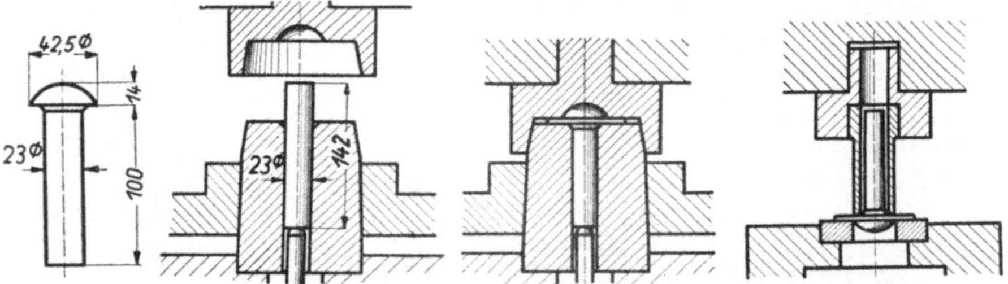

Abb. 11. Herstellung eines einfachen Niets von 23 mm Schaftdurchmesser.

kalt, und zwar mit dem Schaft nach oben, da anders eine Zentrierung nicht gegeben
wäre, die zur richtigen Mittellage des Kopfes unbedingt nötig ist.

Bei dem Niet Abb. 12, dem sogenannten Schuchniet, ist der Arbeitsvorgang genau derselbe, wie bei dem vorigen, nur erfolgt das Abgraten
mit nach unten gerichtetem Schaft aus dem gleichen Grunde.

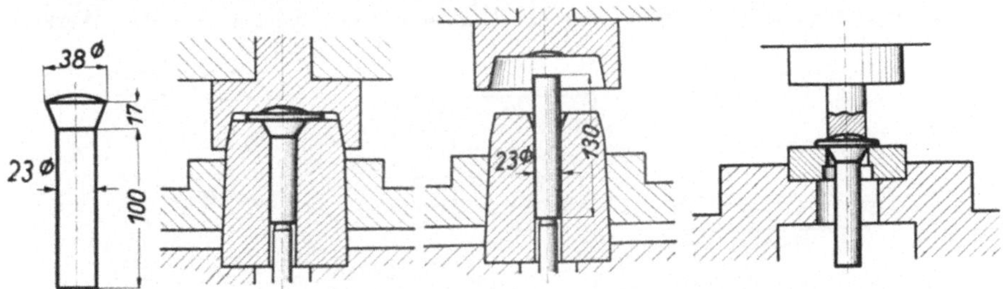

Abb. 12. Arbeitsvorgang bei dem sogenannten Schuchniet.

Für die Massenanfertigung von Nieten bedient man sich heute besonderer Spezialmaschinen, wie z. B. Revolverpressen, die eine Tages-
produktion bis zu 20000 Stück aufweisen. In vielen Fällen ist aber die
oben gezeigte Herstellung noch wirtschaftlich, besonders wenn es sich
um Serien von nur wenigen 1000 Stück handelt.

2. Fallhammer. Es sollen nun einige Beispiele für Arbeiten unter dem
Fallhammer folgen. Abb. 13 zeigt eine Rohrverschlußglocke, die bis
auf ganz geringe Nacharbeit im Gesenk fertiggeschlagen wird. Die Ver-
tiefung ist hierbei in das Gesenkunterteil gelegt, um eine sichere Lage
des Rohlings zu erzielen. Bemerkenswert ist an diesem Gesenk, daß ein
kleines Stück der Glocke noch in das Obergesenk gelegt wird, um ein
gutes Abgraten zu ermöglichen und so eine saubere Auflagefläche zu
erhalten.

Der Körner für das zu bohrende Loch wird gleich mit eingeschlagen. Das Abgraten selbst erfolgt kalt.

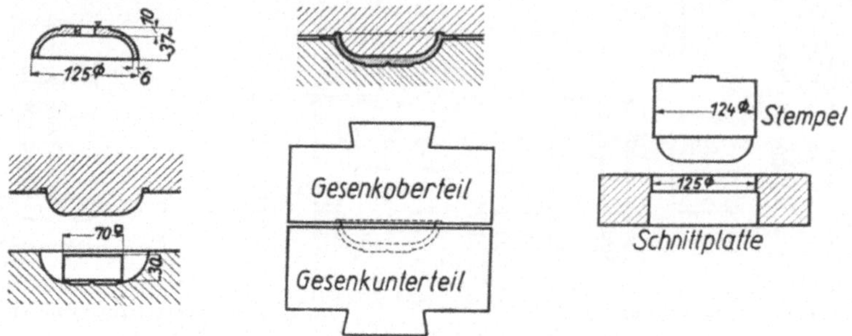

Abb. 13. Herstellung einer Rohrverschlußglocke unter dem Fallhammer.

In Abb. 14 sehen wir die Vereinigung von Vor- und Fertiggesenk in einem Stück bei der Herstellung eines Handgriffes.

Das mit der Schere abgeschnittene Flacheisen wird erhitzt, in Abschnitt 1 des Gesenkes vorgebogen und in derselben Hitze im Mittelteil fertiggeschlagen. Das Abgraten geschieht kalt unter der Exzenterpresse; danach wird das Werk-

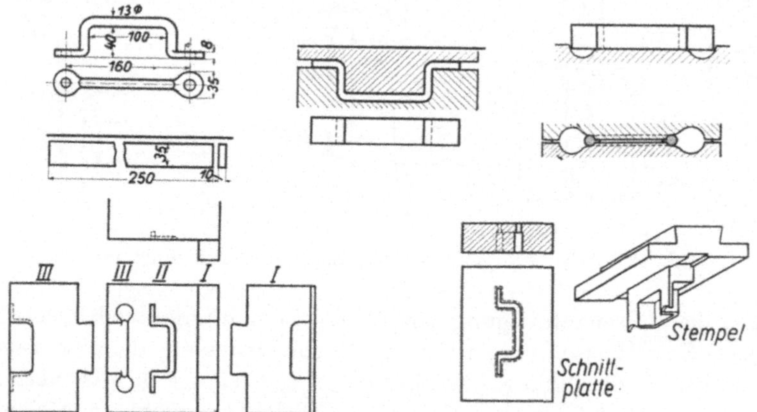

Abb. 14. Darstellung der Vereinigung von Vor- und Fertiggesenk in einem Stück bei der Herstellung eines Handgriffes.

stück in Abschnitt 3 des Gesenkes noch durch einen Schlag in kaltem Zustande gerichtet.

Zu bemerken ist hier, daß der Abgratstempel an einen besonderen Stempelhalter angeschraubt ist. Die Schnittplatte wird mit Spanneisen befestigt und mit diesen auch die Abstreifer, die einfach Z-förmig ausgebildet sind.

Auf Abb. 15 sehen wir die Herstellung eines runden Aufwalzflansches, dessen Rohling von einem Flacheisenstab von 40×80 mm Querschnitt auf 80 mm Länge abgeschnitten wird.

Es ist bemerkenswert, daß die Bohrung des Flansches bis zu dem sogenannten „Spiegel" vorgeschlagen wird. Der Hals des Flansches ist in das Gesenkoberteil

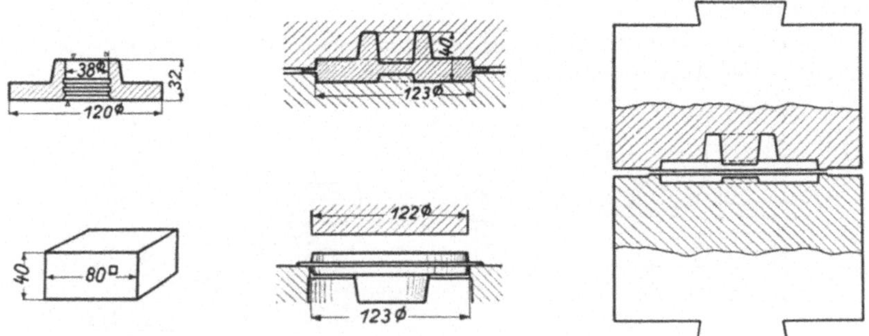

Abb. 15. Herstellung eines runden Aufwalzflansches.

hineingelegt, da das Material an dieser Stelle „wachsen" muß. Beim Abgraten, das warm erfolgt, liegt das Werkstück umgekehrt wie im Gesenk; der Stempel erhält also nur eine glatte Stirnfläche. Der in der Bohrung stehengebliebene „Spiegel" wird später ebenfalls auf einer Exzenterpresse kalt ausgestanzt.

3. Dampfhammer. Von Dampfhammerarbeiten sei zunächst die Herstellung eines Ventiltellers für das bekannte Idealventil von Borsig geschildert (Abb. 16).

Es handelt sich hier um ein einfaches Werkstück, das allseitig bearbeitet wird. Der Rohling wird vom Knüppel 105 mm vierkant in entsprechender Länge ab-

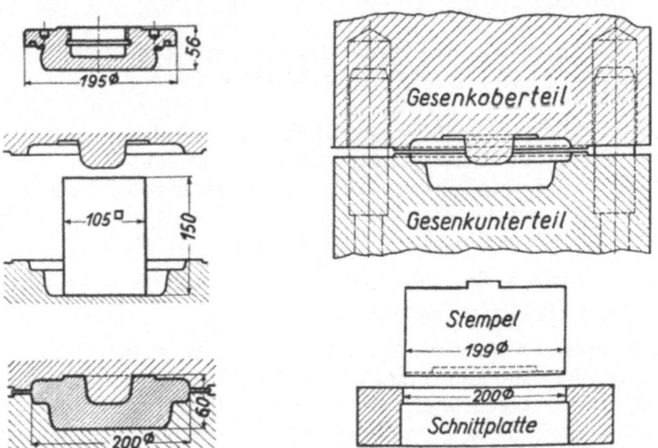

Abb. 16. Darstellung von Dampfhammer-Arbeiten. Herstellung eines Ventiltellers für das bekannte Idealventil von der Fa. Borsig, Berlin-Tegel.

gesägt. Zu beachten sind die Gratbahn sowie die beiden Führungszapfen am Gesenk. Das Abgraten erfolgt warm auf einer hydraulischen Presse.

Abb. 17 zeigt ein Beispiel für eine halboffene Gesenkschmiedearbeit in Verbindung mit „Freiformschmieden". Der große Gabelkopf, und zwar der einer Lokomotivsteuerungsstange, wird unter dem Dampfhammer vorgeschmiedet und ausgebrannt, während das andere Ende roh bleibt.

Das Gesenk ist mit einem Schrumpfring versehen, um die Gefahr der Rißbildung an der Austrittsöffnung der Gesenkform herabzumindern. Die erhabenen

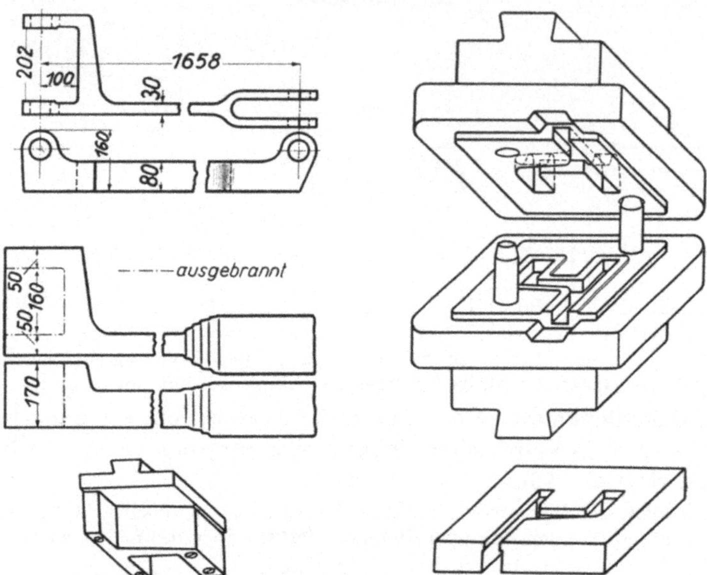

Abb. 17. Beispiel für eine halboffene Gesenkschmiedearbeit in Verbindung mit „Freiformschmieden."

Augen der Stange liegen selbstverständlich im Gesenkoberteil. Das Abgraten erfolgt warm; Stempel und Schnittplatte können sehr einfach ausgebildet werden. Das andere Ende der Stange wird durch Freiformschmieden fertig gemacht, und zwar weil bei der Bearbeitung keine wesentlichen Ersparnisse erzielt werden würden, wenn auch dieser Kopf im Gesenk geschlagen würde.

Abb. 18 erläutert die Herstellung einer einfach gekröpften Kurbelwelle, ebenfalls in einem halboffenen Gesenk.

Das Rohmaterial wird vom Knüppel 120 mm vierkant abgesägt, auf einen Querschnitt von 85×140 mm vorgeschmiedet und im Biegegesenk unter der Presse vorgebogen. Das Einlegen dieses vorgebogenen Werkstücks in das Fertiggesenk geschieht hochkant, um ein gutes Durchschmieden zu erzielen. Das Abgraten erfolgt warm. Der Abgratstempel zeigt in diesem Falle eine sehr ungünstige Form, die sich jedoch nicht vermeiden läßt. Nach dem Abgraten wird die Kurbelwelle nochmals im Fertiggesenk durch einen Schlag unter dem Hammer nachgerichtet.

Auf Abb. 19 ist die Herstellung eines Lokomotivkolbens von 600 mm Durchmesser dargestellt, der allseitig bearbeitet wird.

Das Rohmaterial wird mit 260 mm achtkant unter der Presse vorgeschmiedet und in Stücke von 420 mm Länge zertrennt. Der Rohling wird auf eine Höhe von

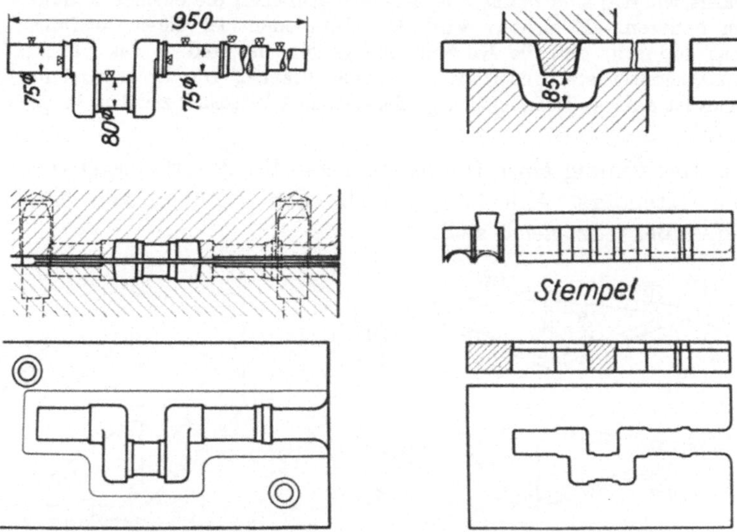

Abb. 18. Herstellung einer einfach gekröpften Kurbelwelle.

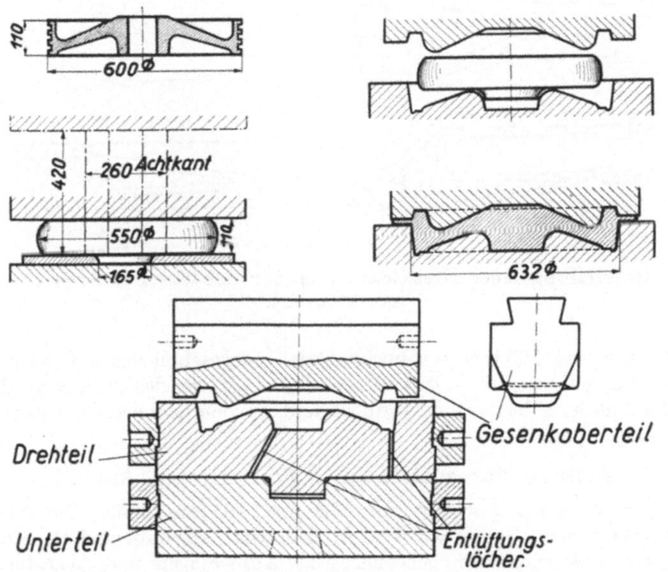

Abb. 19. Herstellung eines Lokomotivkolbens von 600 mm Durchmesser.

110 mm auf der hydraulischen Presse vorgedrückt und erhält dabei einen Zentrieransatz. Das Gesenk ist dreiteilig. Das Gesenkunterteil dient als Unterlage und ist mit der Schabotte fest verbunden. Das Gesenkoberteil ist zur

Verkleinerung der Schlagfläche als Sattel ausgebildet und sitzt fest im Hammerbär. Das Mittelteil ist drehbar auf dem Unterteil gelagert und in diesem zentriert. Besonders wichtig sind hierbei die Entlüftungslöcher, die einen Durchmesser von 10 mm besitzen. Erleichtert wird das Schmieden bei dieser Ausführung des Kolbens dadurch, daß die Kolbenfläche geneigt ist und so das „Breiten" des Materials leichter stattfindet als bei ebener Fläche. Die Beanspruchung dieses Gesenkes ist eine außerordentlich große, da das Werkstück ziemlich lange im Gesenk liegt.

Die Herstellung einer Dreieckstraverse für das Bremsgehänge eines Lokomotivtenders, Abb. 20, geschieht aus 3 Teilen, von denen die beiden Außenteile gleich sind.

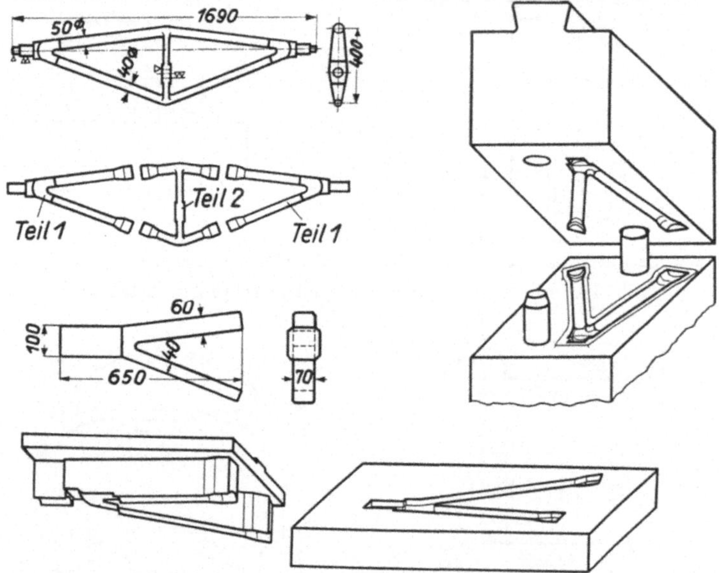

Abb. 20. Herstellung einer Dreieckstraverse für das Bremsgehänge eines Lokomotivtenders.

Teil 1 wird aus 105 mm Knüppelmaterial vorgeschmiedet und aufgespalten. Nach dem Ausschlagen im Gesenk erfolgt das Abgraten des Stückes in derselben Hitze. Die Anschweißenden sind verdickt und werden nachher unter dem Dampfhammer ausgelappt.

Die Herstellung des Mittelteiles sehen wir auf Abb. 21.

Das Vorschmieden geschieht ebenfalls aus 105 mm Knüppelmaterial unter dem Dampfhammer. Das Stück wird in der Mitte abgefaßt und an den Enden aufgespalten und auseinandergebogen. Das Ausschlagen und Abgraten erfolgt auch hierbei in einer Hitze. Beide Teile werden nach dem Abgraten in noch warmem Zustande durch einen leichten Schlag im Fertiggesenk nachgerichtet, da bei der sperrigen Form derselben beim Abgraten leicht ein Verziehen eintritt. Das Bearbeiten der Flächen und das Bohren des Loches im Mittelteil geschieht vor dem Zusammenschweißen der drei Teile.

4. Hydraulische Presse. Als Beispiel für Gesenkarbeiten auf der hydraulischen Presse zeigt Abb. 22 den Herstellungsgang eines

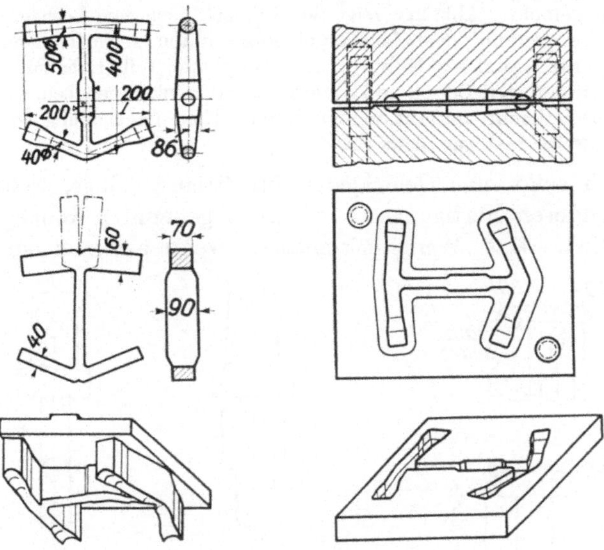

Abb. 21. Herstellung des Mittelteiles zu Abb. 20.

Aufwalzflansches von 108 mm l∅. Der Rohling ist ein vierkantiges Blech von 260 mm Kantenlänge und 30 mm Stärke.

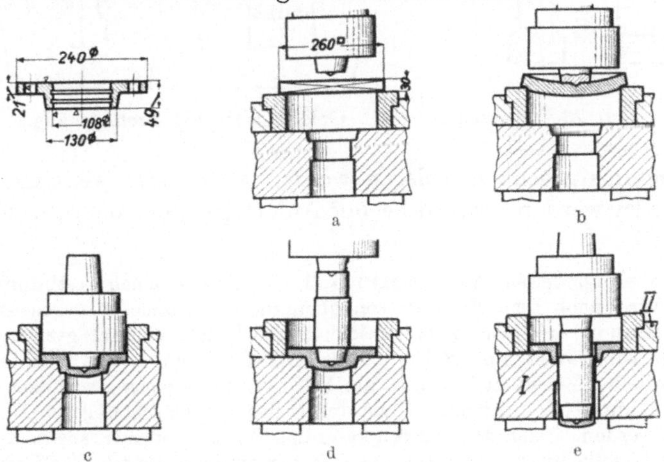

Abb. 22. Herstellungsgang eines Aufwalzflansches von 108 mm l∅.

In Abb. 22a sehen wir den Rohling auf das Gesenk gelegt, in Abb. 22b dann das Vordrücken, wobei das überstehende Material weggeschnitten wird. Der abgeschnittene Ring muß sofort abgestreift werden, damit er nicht auf dem Stempel festschrumpft. Hierbei muß der Stempel natürlich noch einmal hochgehen. Dann erfolgt das Pressen der fertigen Form entsprechend Abb. 22c. Darauf wird, wie Abb. 22d zeigt, ein Lochdorn, welcher oben und unten zentriert ist, aufgesetzt und der Flansch gelocht. Abb. 22e zeigt den Flansch nach dem Lochen. Der durchgedrückte Stempel mit dem Abfallstück kann unten weggenommen werden, da das Gesenk unterklotzt ist. Nun wird die Deckplatte, Teil II, die mit dem Gesenkunterteil, Teil I, durch Bolzen und Keile verbunden ist, abgehoben, so daß nun der fertige Flansch leicht entfernt werden kann. Eine Gratbildung tritt bei dieser Herstellungsweise fast gar nicht ein.

Abb. 23 zeigt eine Gelenkgabel für Bremsgehänge, welche mittels einer besonderen Fertigungsart in dem sogenannten Konusgesenk hergestellt wird. Das Werkstück müßte, wenn es in einem einfachen

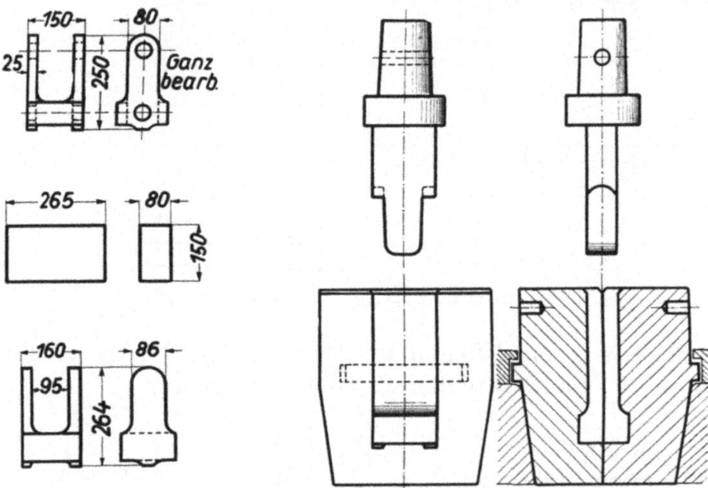

Abb. 23. Darstellung einer Gelenkgabel für Bremsgehänge.

Dampfhammergesenk geschlagen werden sollte, sehr weitgehend vorgeschmiedet werden. Das ist bei der Anfertigung im Konusgesenk nicht nötig.

Der Rohling, dessen Abmessungen und Form ganz genau bestimmt werden müssen, wird nach dem Erhitzen von oben in das geschlossene Gesenk gelegt. Durch den nun erfolgenden Stempeldruck wird das Material gezwungen, die gegebenen Hohlräume auszufüllen, und es entsteht so das fertige Schmiedestück. Das eigentliche Gesenk besteht aus zwei Hälften, die in einen geschlossenen Ring, das Gesenkunterteil, hineingesetzt und durch Bajonettverschluß gegen Hochgehen gesichert werden. Nach dem Pressen kann das Werkstück leicht aus dem Gesenk, nachdem dasselbe auseinandergenommen ist, herausgelöst werden. Die Gratbildung ist hierbei nur eine sehr geringe, so daß ein Abgraten unter der Presse nicht notwendig ist.

5. Schmiedemaschine. Den Schluß mögen noch zwei Beispiele von Arbeiten auf der Wagerechtschmiedemaschine bilden.

Die Abb. 24 zeigt die Herstellung eines Verschlußpilzes für Wasserkammern. Wie schon gesagt, besteht das Gesenk aus den beiden Klemmbacken, die das Material festspannen, und dem Stempel, der das

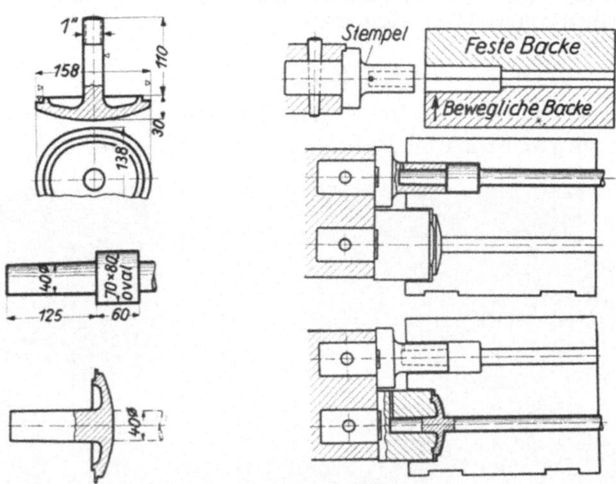

Abb. 24. Herstellung eines Verschlußpilzes für Wasserkammern auf der Wage-recht-Schmiedemaschine.

Material staucht. Der Arbeitsvorgang selbst erfolgt in zwei Operationen, für die die Gesenkform in einem Gesenkblock liegt.

In der ersten Operation erfolgt das Vorstauchen des Materials auf ovale Form, darauf in der zweiten Operation das Fertigstauchen des Pilzes. Die Stempel besitzen Entlüftungslöcher. Die Lage des Pilzschaftes nach der Stempelseite zu hat sich als notwendig erwiesen, um dem Fertigstempel eine günstige Form geben zu können. Das Abtrennen des fertigen Pilzes von der Stange erfolgt unmittelbar nach dem Stauchen mittels einer Warmsäge. Bei diesem Stück tritt eine Gratbildung ein; das Abgraten erfolgt kalt.

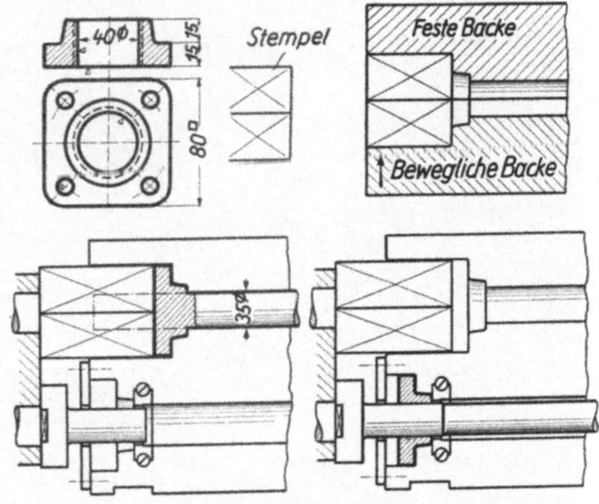

Abb. 25. Herstellung eines Flansches mit Loch von der Stange auf der Wagerecht-Schmiedemaschine.

Abb. 25 läßt die Herstellung eines Flansches mit Loch von der Stange, ohne Materialabfall, erkennen. Das verwendete Rundeisen muß im Querschnitt kleiner oder höchstens ebenso groß sein wie der Lochdurchmesser des Flansches.

Im ersten Arbeitsvorgang erfolgt das Stauchen des Schmiedestückes und im zweiten das Lochen. Wie auf der Abbildung deutlich ersichtlich, drückt der Stempel beim Lochen das Kernstück zusammen mit der Stange heraus. Der Arbeitsvorgang wird erleichtert durch einen eingelegten geteilten Schnittring und durch einen vorgesetzten Abstreifer.

VI. Kümpelei.

Eng verwandt mit dem Gebiet des Gesenkschmiedens und -Pressens ist die Formgebung von Blechen durch Kümpeln.

Abb. 26.   750 t Schnellbördelpresse.

Auch das Kümpeln erfolgte früher im allgemeinen — wie auch jetzt noch bei Einzelanfertigung — durch Hand, indem das stellenweise angewärmte Blech mittels Vorhammer über sogenannte Handgesenke an-

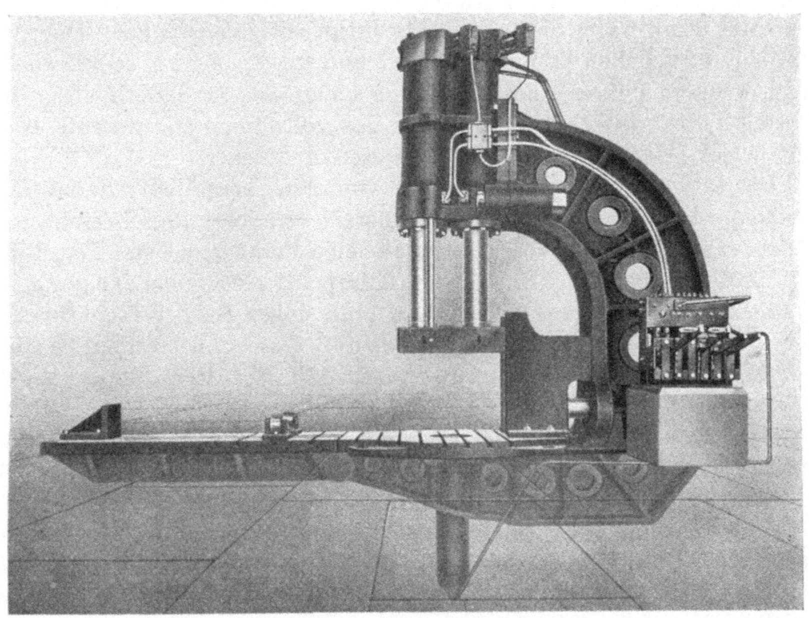

Abb. 27a und b. Spezialbördel- und Flanschierpresse von 300 t Preßdruck
der Hydraulik-G. m. b. H.

gerichtet wird, bis es die gewünschte Form angenommen hat. Da dieses
Verfahren natürlich sehr zeitraubend und kostspielig ist, so verwendet
man, wenn es sich um die Herstellung vieler gleicher Teile handelt, mit
Vorteil hydraulische Pressen, welche das vollständig angewärmte Blech
mit einem Male in entsprechende Gesenke drücken.

Die Gesenke selbst werden aus Gußeisen hergestellt, deren Herstellung selbst keine Schwierigkeit bietet; es gehört jedoch eine große
Erfahrung dazu, den Gesenken die richtige Form zu geben. Das Blech
hat natürlich bei dem Prozeß des Kümpelns eine große Neigung zur
Faltenbildung und zum Reißen. Es muß daher bei der Konstruktion
der Gesenke darauf geachtet werden, daß diese unliebsamen Erschei-
nungen nicht auftreten können, sondern daß das Blech langsam in die
gewünschte Form gezogen wird. Bei komplizierten Stücken sind daher
meistens mehrere Arbeitsoperationen nötig. — Als Pressen verwendet
man größere hydraulische Pressen, die vorteilhaft als Sonderkonstruk-
tionen ausgebildet werden.

Abb. 26 zeigt eine 750 t Schnellbördelpresse, auf der die Feuer-
kastenvorderwand eines Lokomotivkessels gebördelt wird. Das Roh-
blech befindet sich unter der Presse, ein fertiges Arbeitsstück liegt vor
der Presse.

Auf der nächsten Doppelabb. 27 sehen wir oben eine Spezial-
bördel- und Flanschierpresse von 300 t Preßdruck. Die Presse hat
4 Preßstempel, von denen zwei senkrecht nebeneinander, einer wagerecht und einer von unten wirkend angeordnet sind. Mit dieser Presse
lassen sich fast alle vorkommenden Bördelarbeiten ausführen, wobei
die einzelnen Druckstempel teils zum Festhalten, teils zum Kümpeln des
Materials dienen. Auf dem darunter liegenden Bild ist die Presse in eine
einfache Bördelpresse umgebaut, indem die beiden senkrechten Druckstempel durch ein gemeinsames Querhaupt verbunden sind und so wie
e in Stempel wirken.

Die Verwendung der Schnitte und Stanzen bei der Massenfertigung.

Von Dipl.-Ing. **M. Evers**, Oberingenieur der Siemens & Halske A.-G.,
Wernerwerk, Berlin-Siemensstadt.

Die Verwendung von Schnitten und Stanzen ist in der Schwertfeger-innung, in der Klempnerei und in allen Blech verarbeitenden Industrien wohl schon seit langer Zeit üblich, jedoch waren diese Werkzeuge recht primitiv und die Genauigkeit der Teile ließ daher sehr zu wünschen übrig. Bei der Art, wie heute Schnitte und Stanzen bei der Massen-fertigung verwendet werden, handelt es sich um ein verhältnismäßig junges Arbeitsgebiet, das jedoch im Maschinenbau, vor allem aber in der Feinmechanik schon eine erhebliche Bedeutung erlangt hat.

Die Herstellung der feinmechanischen Apparate für optische, akustische und elektrotechnische Zwecke ist lange Zeit hindurch im wesentlichen eine Handanfertigung gewesen, ausgeübt durch gelernte Mechaniker. Unter den Werkzeugmaschinen spielte die Drehbank die Hauptrolle und unter den Werkzeugen, Bohrer, Feile, Fräser usw. Erst die Spezialisierung der Fabriken und die Typisierung der Apparate, besonders in der elektrotechnischen Industrie, führten naturgemäß zu anderen Arbeitsmethoden, um eine rationelle Fabrikation zu ermöglichen. Er-forderlich sind für eine solche unbedingt Einrichtungen, die es ge-statten, daß die meisten Teile so hergestellt werden, daß nur wenig, meist überhaupt keine Handarbeit übrig bleibt, ausgenommen die Oberflächenbehandlung. Die Montage derartiger Teile zu einem or-ganischen Ganzen soll zum großen Teil durch ungelernte Hilfskräfte ausgeführt werden, und für den Mechaniker soll außer der Justier-arbeit nur verhältnismäßig wenig Arbeit übrigbleiben. Dementsprechend ist auch die Konstruktion der Apparate zu wählen, so daß die Apparate in der feinmechanischen Technik in ihren wesentlichen Teilen fast aus-schließlich aus Stanzteilen zusammengesetzt werden.

Die nachstehenden Darlegungen sollen in ihrem e r s t e n Teil eine Über-sicht geben, welche Mittel heute in der Werkstatt zur Verfügung stehen, um derartige feinmechanische Apparate zu bauen, sie preiswert und mit der erforderlichen hohen Genauigkeit herzustellen. Dabei sollen die Abbildun-gen weniger eine ausführliche Darstellung der Konstruktion des Werkzeuges geben als vielmehr die hauptsächlichen Punkte veranschaulichen, die zu der einen oder anderen Ausführung des Werkzeuges Veranlassung gegeben haben. Deshalb ist eine Beschränkung auf eine fast schematische Darstellung der Werkzeuge erfolgt. Des weiteren sei noch bemerkt, daß nicht an eine Erschöpfung des gestellten Themas gedacht ist, es sollen nur als Beispiele eine Anzahl Typen gewisser Werkzeuge gezeigt werden, wie sie die Firma Siemens & Halske verwendet, ohne daß damit über andersgeartete Ausführungen anderer Firmen irgendwelches Urteil ausgesprochen sein soll.

Der zweite Teil bringt dann einige Abbildungen aus den Stanzwerkstätten, um eine kurze Übersicht über die Maschinen und die mit Vorteil anzuwendenden Sondereinrichtungen an den Maschinen zu geben.

Abb. 1 stellt den Arbeitsgang beim Schneiden eines runden Teiles aus einem Blech in den einzelnen Stufen dar. Interessant ist die Defor-

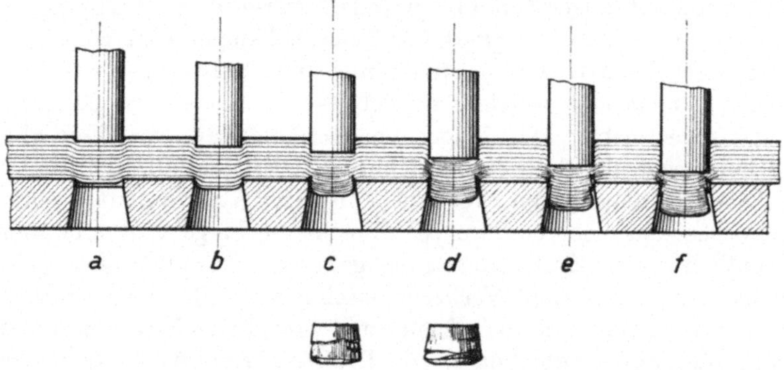

Abb. 1. Beanspruchung des Bleches beim Schneiden.

mation, die in dem geschnittenen Teil eintritt. Bereits bei „c" tritt ein eigenartiges Einreißen im Umfange des geschnittenen Teiles ein, das durch die übermäßig starke Stauchung der Materialfaserung hervorgerufen wird. Diese Stauchung bewirkt auch gleichzeitig ein Wachsen des geschnittenen Teiles, auf das ich späterhin nochmals zurückkommen werde. Im übrigen ist die Abb. wohl so allgemein bekannt, daß weitere Erörterungen nicht erforderlich sind.

Abb. 2 links zeigt einen gewöhnlichen Rundschnitt, der als Freischnitt ausgeführt ist: oben den aus Stahl gefertigten Stempel mit dem Stempelschaft, unten die aus Stahl hergestellte Schnittplatte. Diese wird im allgemeinen als viereckige Platte gehobelt und dann wird auf der Drehbank der Durchbruch ausgedreht. Das kurze zylindrische Stück dient zum Nachschleifen des Schnittes. Nach unten zu ist der Durchbruch konisch gehalten, damit die geschnittene Scheibe leicht herausfallen kann. Stempel und Schnittplatte sind gehärtet und geschliffen. Bei einem

unendlich dünnen Material müßte dieser Stempel saugend in die Schnittplatte passen, um ein gratfreies Schneiden zu erreichen. Wird das
Material stärker, so müßte mit Rücksicht auf das Stauchen des Materials, wie wir es in Abb. 1 gesehen haben, eine hohe Beanspruchung
der Schnittplatte eintreten und das geschnittene Teil sich in der Schnittplatte festquetschen. Es muß also ein gewisses Spiel zwischen Stempel
und Schnittplatte vorhanden sein, das sich mit wachsender Materialstärke vergrößert. Dieses Spiel beträgt erfahrungsgemäß 5—6 vH der
zu schneidenden Materialstärke. Es ergibt sich hieraus, daß man mit
demselben Schnitt erheblich verschiedene Materialstärken nicht schneiden kann, denn bei zu großer Materialstärke würde ein Quetschen in

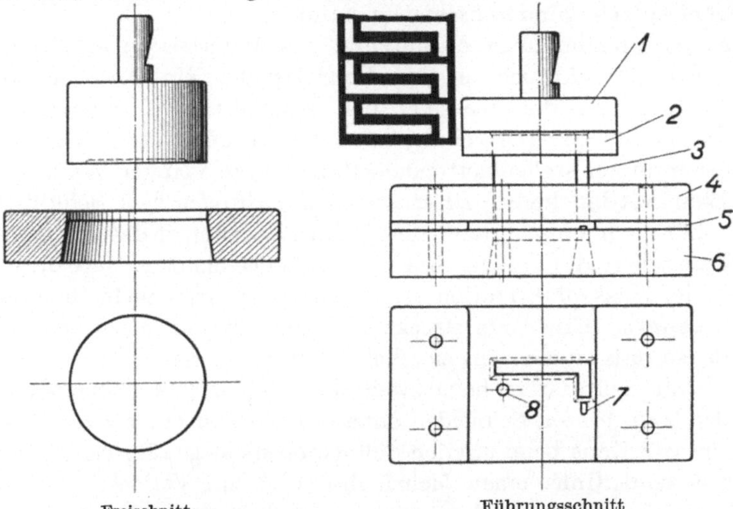

Abb. 2. Rundschnitt und Schnitt mit Vorlocher.

der Schnittplatte eintreten und bei zu kleiner Materialstärke ein Grat-
schneiden an den Schnittkanten. Für die Massenfertigung kommt ein
derartiges Werkzeug kaum in Frage, da die Gefahr vorliegt, daß der
Stempel nicht genau genug in das Loch der Schnittplatte eingeführt
wird, so daß ein Aufsetzen des Stempels auf der Matrize eintreten kann.
Man ist vollkommen abhängig von der Genauigkeit der Maschine, in
die der Stempel eingespannt ist, und diese Genauigkeit ist im allgemeinen
nicht groß, da auch der Schlitten der Maschine mehr oder weniger Spiel
hat. Ferner ist man von der Geschicklichkeit des Arbeiters an der
Stanze abhängig, da er nach Augenmaß eine Blechtafel zwischen
Stempel und Schnittplatte legen muß und die Gefahr vorliegt, daß er
entweder zu große Zwischenräume zwischen den einzelnen ausgelochten
Rundellen erhält, also zu viel Material verbraucht, oder aber, daß er zu
eng und dadurch einige Scheiben unvollständig schneidet.

Die Abb. 2 rechts zeigt einen Schnitt, bei dem diese Mängel behoben sind. Wir sehen hier den Stempel 3, der die Form eines Winkels hat und in die Stempelplatte 2 eingelassen ist. Abschluß nach oben ist der Stempelkopf 1, der den Einspannzapfen trägt. Die Schnittplatte 6 besteht aus Werkzeugstahl; in ihr befindet sich der Durchbruch in derselben Form, die der Stempel hat. Neu ist bei diesem Schnitt Teil 4, das ebenfalls einen Durchbruch in der Form des Stempels hat und zur Führung des Stempels 3 dient. Man ist auf diese Weise unabhängig von der Ungenauigkeit des Maschinenschlittens und führt den Stempel bis dicht an die Schnittplatte. Das Material muß nunmehr in Streifen geschnitten werden, damit man es zwischen Führung und Schnittplatte hindurchschieben kann.

Um eine gleichmäßige Ausnutzung des Materials zu erhalten, ist hinter dem Durchbruch in der Schnittplatte ein Anschlagstift 7 angebracht, gegen den jedesmal der geschnittene Durchbruch des Streifens sich anlegt. Die Teilung ist so gewählt, daß aus dem zwischen zwei Ausschnitten stehenbleibenden Material ein weiterer Winkel ausgeschnitten werden kann. Hierzu wird der Streifen zum Schluß umgedreht und noch einmal durch den Schnitt geleitet, so daß die zweiten Winkel zwischen die ersten Winkel zwischengeschnitten werden.

Für die Massenfabrikation ist dieses Verfahren nicht besonders empfehlenswert. Einerseits streckt sich der Streifen beim Schneiden der Teile, so daß er meistens ziemlich krumm aus dem Schnitt herauskommt, andrerseits stört beim zweiten Einschieben des Streifens der Grat, der beim ersten Schneiden entstand, so daß ein glattes Durchziehen des Streifens beim zweiten Schneiden nicht gewährleistet ist.

Abb. 3 zeigt links einen Mehrfachschnitt mit Vorlocher, der die Materialausnutzung dadurch günstiger gestaltet, daß man gleichzeitig eine Anzahl nebeneinanderliegender, mit Löchern versehener Scheiben ausstanzt. Die Anordnung der einzelnen Stempel ist aus dem Grundriß ersichtlich. Man hat bei diesen Schnittwerkzeugen an den Schnittstempeln kleine Zapfen angebracht, die man als Sucher bezeichnet. Diese haben den Zweck, kleine Ungenauigkeiten auszugleichen, welche beim Heranziehen des Streifens an den Anschlagstift entstehen. Diese Sucher greifen in die Löcher, die die 5 Vorlocher geschnitten haben. Die Brauchbarkeit derartiger Sucher ist verhältnismäßig gering; unter Umständen beult ein derartiger Sucher die Scheibe aus, anstatt den Streifen in die richtige Lage zu ziehen. Des weiteren hat der Schnitt in der dargestellten Form den Nachteil, daß die ersten 5 Scheiben, die man schneidet, Ausschuß sind, da diese keine Löcher haben. (In der Abb. schraffiert.)

Die Abb. rechts zeigt ebenfalls einen Schnitt mit Vorlocher. Es sind aber durch geeignete Einrichtungen die Nachteile des eben angeführten

Mehrfachschnittes vermieden. Rechts und links von dem Durchbruch sind nochmals 2 Stempel angeordnet, die man als Seitenschneider bezeichnet. Diese Seitenschneider haben den Zweck, eine genaue Teilung beim Durchschieben des Streifens zu erzielen und eine völlige Ausnutzung des Streifens zu ermöglichen.

Durch die versetzte Anordnung des rechten und des linken Seitenschneiders ist es jetzt möglich, bereits das erste Teil mit den entsprechenden Löchern herzustellen. Der Streifen wird bis zu dem linken Anschlag vorgeschoben, so daß beim ersten Niedergang des Stempels die 4 Löcher gelocht werden und eine kleine Ecke aus dem Streifen

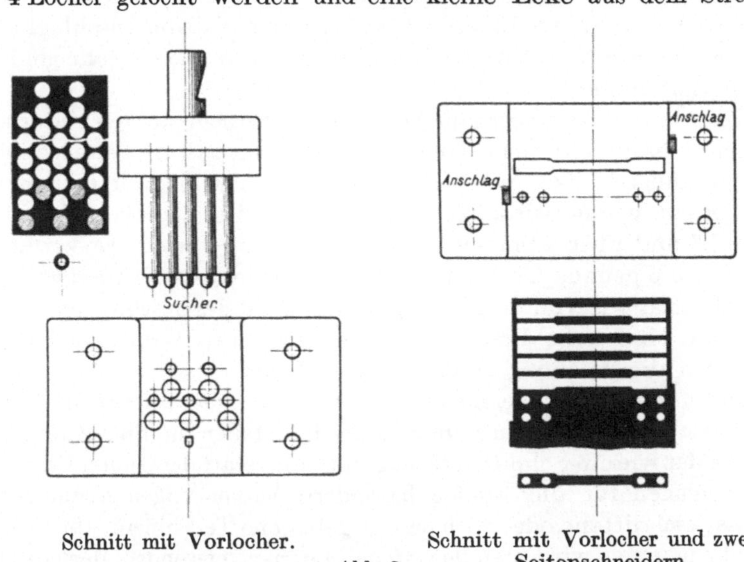

Schnitt mit Vorlocher.

Schnitt mit Vorlocher und zwei Seitenschneidern.

Abb. 3.

ausgeschnitten wird. Beim weiteren Vorschieben des Streifens wird jedesmal von neuem eine Ecke ausgeschnitten, während die vorher geschnittene sich an den Anschlag legt.

Der rechte Seitenschneider ist hinter dem Durchbruch des Stempels angeordnet, damit bis zum Schneiden des letzten Stückes ein einwandfreier Anschlag für den Streifen gewährleistet ist. Es ist also ein derartiges Werkzeug bereits für die Massenfabrikation als einwandfrei zu bezeichnen, da es eine günstige volle Ausnutzung des Materiales ergibt und durch richtige Bauart von den Ungenauigkeiten der Maschine frei gehalten ist. Das Schneiden mit derartigen Vorlochern ist für die Preisgestaltung auf jeden Fall günstig, da die Arbeitszeit an der Maschine besonders gut ausgenützt und die Lochung sozusagen umsonst erhalten wird. Die Fälle allerdings, in denen man derartige Vorlocher anwenden kann, sind ziemlich eng begrenzt.

Die Genauigkeit, mit der das Loch an eine bestimmte Stelle des geschnittenen Teiles kommt, ist abhängig von der Genauigkeit des Anschlages am Seitenschneider, so daß bei der geringsten Abnutzung dieser Anschläge oder auch durch eine Unaufmerksamkeit beim Arbeiten das Loch an eine falsche Stelle kommt. Ebenso wird bei Abnutzung des Werkzeuges mit einer Gratbildung durch den Seitenschneider zu rechnen sein, so daß auch hierdurch der Anschlag des Streifens ungenau werden kann.

Weiter ist der Verwendung des Vorlochers eine Grenze gesetzt bei sehr schwachen Materialien, besonders Isolationsmaterialien, und zwar immer dann, wenn das Material so schwach ist, daß die Anschlagkanten, die die beiden Seitenschneider geschnitten haben, nicht mehr genügend festen Halt bieten.

Ebenso ungünstig liegen die Verhältnisse bei sehr starken Materialien, bei denen man nicht mehr damit rechnen kann, daß ein Seitenschneider eine so saubere Ecke ausschneidet, daß der Anschlag für den Streifen noch genau genug wird. Im allgemeinen wird man bei Materialien unter 0,3 und über 2 mm eine Verwendung von Vorlochern vermeiden, doch ist eine genaue Grenze hier nicht zu ziehen, sondern hängt sowohl vom Material wie von dem Verwendungszweck des geschnittenen Teiles ab. Wird eine hohe Präzision des geschnittenen Loches verlangt, so wird man die Lochung gesondert ausführen.

Abb. 4 zeigt zwei derartige Locher, links einen offenen und rechts einen geschlossenen Locher. Rein äußerlich stellen die Bilder genau das Gleiche dar wie ein Schnittwerkzeug, nur sind statt der beiden Führungs-zwischenlagen für die Streifen besondere Aussparungen geschaffen, in die das geschnittene oder auch bereits gebogene Teil hineinpaßt. Soweit irgend angängig, wird man den offenen Locher verwenden, der ein leich-tes Einlegen und Wiederherausnehmen des Teiles gestattet.

Bei dem Bilde rechts ist ein Teil gezeichnet, das vollkommen in der Einlage gefaßt werden muß wegen der Anordnung der einzelnen Löcher zueinander. Bei einem derartigen Teil ist es erforderlich, eine Vorrichtung zu haben, die das letzte Stück aus dieser Einlage wieder herausbefördert.

Hierzu dient der Auswerfer 2, der rechts oben im Bilde nochmals ver-größert herausgezeichnet ist. Er besteht aus einem kleinen Stahlstück, das eine schräge Kante hat und mit einer Blattfeder 3 gegen das Arbeitsstück gedrückt wird. Beim Einlegen des Teiles wird dieser Auswerfer zurückgedrängt. Wenn die Lochernadeln nach dem Lochen nach oben gehen, so heben sie das Arbeitsstück mit an, so daß es vorn an der Einlage frei wird. Die gespannte Feder 3 schleudert das Arbeitsstück dann mit dem Auswerferstift 2 heraus.

Abb. 5 stellt einen Locher für besonders schwache Teile dar, die sich beim Lochen verbiegen würden. Aus diesem Grunde ist hier ein Nieder-halter angebracht, der seitlich durch Säulen und Buchsen geführt ist

und einerseits zum Niederhalten des Arbeitsstückes in seiner gestreckten
Lage dient, andrerseits zur Führung der Lochernadeln. Der Nieder-

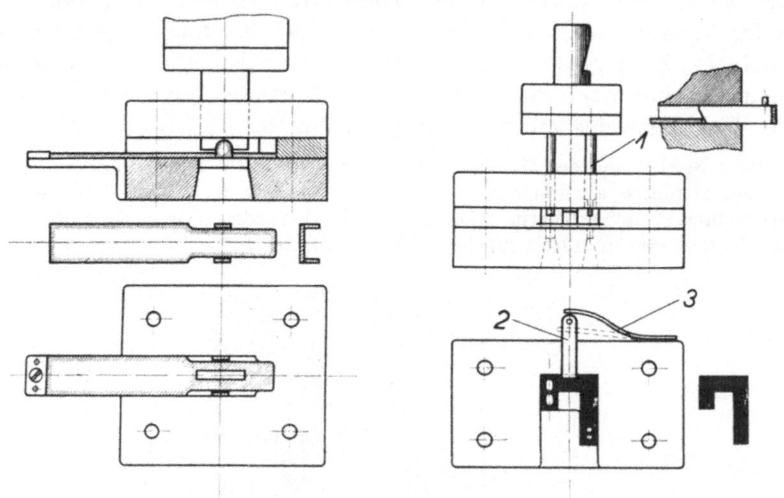

a) offener Locher.   Abb. 4.   b) geschlossener Locher.

halter wird durch einen Gummipuffer oder durch Federn, die zwischen
Kopfplatte und Niederhalterplatte angebracht sind, gegen das Stanzteil
beim Herabgehen des Stempels
gedrückt. Derartige Locher mit
Niederhaltung sind überall da
zu empfehlen, wo es sich um besonders schwache Materialien,
sehr schwache Nadeln oder aber
um geschichtete Isolationsmaterialien handelt, da der Druck
des Niederhalters ein Aufreißen
oder Abblättern der Schichten
beim Herausziehen der Lochernadeln verhindert.

Einen sogenannten ameri-
kanischen Blockschnitt, be-
stehend aus einem gußeisernen
Ober- und Unterteil, die durch 2
Führungssäulen gegeneinander
geführt werden, läßt Abb. 6

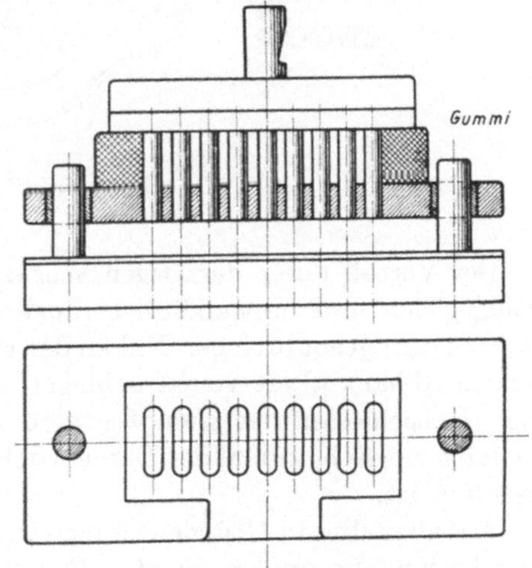

Abb. 5. Locher mit Niederhalter.

erkennen. Der Schnittstempel 5 ist am Unterteil angebracht und trägt 4
Bohrungen für die Löcher. Die Schnittplatte 3 sitzt im Oberteil und

trägt den entsprechenden Durchbruch für den Schnittstempel. In
diesem Durchbruch ist ein Auswerfer 2 aus Eisen federnd eingesetzt,
der also dieselbe Form wie der Schnittstempel hat. In diesem Auswerfer befinden sich fest montiert auf einer Kopfplatte die 4 Lochernadeln 1. Zum Abstreifen des Abfallmaterials ist um den Schnittstempel herum noch der Abstreifer 4 im Unterteil federnd angebracht.
Die Wirkungsweise eines derartigen Schnittes ist folgende:

Beim Niedergang des Maschinenschlittens wird das Material zwischen Stempel
und Schnittplatte ausgeschnitten, wobei der Niederhalter 2 und der Abstreifer
4 nach innen zurückfedern, während die Lochernadel gleichzeitig die Löcher
auslocht und der Schnittstempel das Teil ausschneidet.

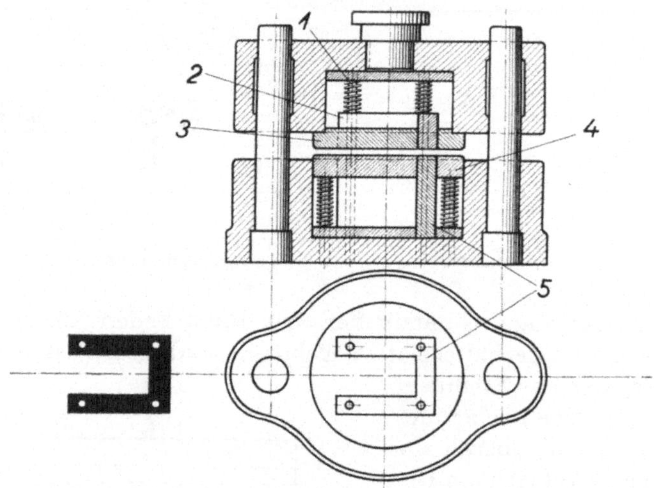

Abb. 6. Blockschnitt.

Der Vorteil eines derartigen Werkzeuges liegt darin, daß die Teile
völlig gleich und einwandfrei herauskommen. Die Lochungen müssen
stets zu dem geschnittenen Teil an der richtigen Stelle sein, ohne irgend-
welche Abhängigkeit von Anschlägen oder Genauigkeit des Arbeiters.
Ein Nachschleifen des stumpf gewordenen Schnittes ist ebenfalls ohne
weiteres möglich, zumal der Durchbruch in der Schnittplatte zylindrisch
gehalten ist.

Aus allen diesen Gründen ist man in Amerika, das uns in der Massenfabrikation, besonders in der Feinmechanik, bahnbrechend voran-
gegangen ist, in der Verwendung derartiger Blockschnitte sehr viel
großzügiger, als es bisher in Deutschland der Fall war. Soll doch dort
die größte Zahl aller Schnittwerkzeuge in der hier dargestellten Form
ausgeführt werden, während man bei uns immer noch recht geteilter

Meinung über ihre Verwendung ist, da auch sie einige nicht zu vernachlässigende Nachteile haben.

Aus dem in Abb. 1 dargestellten Vorgang wissen wir, daß bei starken Materialien ein Stauchen eintritt, und dieses Stauchen macht sich bei einem derartigen Blockschnitt recht unangenehm bemerkbar. Das geschnittene Teil setzt sich bei starken Materialien in der Schnittplatte ziemlich fest, und die Federn des Auswerfers müssen außerordentlich kräftig gehalten werden, um das Teil herauszudrücken. Diese Arbeit geht außerdem natürlich auf Kosten der Maschine und des Werkzeuges. Es empfiehlt sich daher, derartige Schnitte allerhöchstens bis 1,5 mm Materialstärke zu verwenden.

Des weiteren fehlt bei einem derartigen Schnitt die Möglichkeit, einen Anschlagstift anzubringen, da ja das geschnittene Teil durch den Auswerfer wieder in den Stanzstreifen zurückgedrückt wird. Ein Schneiden mit einem automatischen Transport, wie er weiter unten geschildert wird, ist in diesem Falle naheliegend, da der Anschlagstift dann überflüssig wäre. Aber auch hier ergeben sich Schwierigkeiten, da unter Umständen solch ein geschnittenes Stück aus dem Stanzstreifen wieder herausfällt, auf dem Streifen liegen bleibt und beim nächsten Niedergang des Stempels das Werkzeug zu Bruch kommen läßt. Die Bauart derartiger Schnitte ergibt außerdem meistens eine größere Höhe als gewöhnliche Kastenschnitte, so daß man auch eine größere Maschinentype beim Schneiden braucht.

Nach den Erfahrungen, die wir gewonnen haben, bestehen heute noch beide Typen von Schnittwerkzeugen nebeneinander zu vollem Recht: der Blockschnitt hat eine Daseinsberechtigung im wesentlichen nur bei verhältnismäßig schwachen Materialien von sehr genauen Formen und sehr gleichmäßigen Lochungen. Da die feinmechanische Industrie in großem Maße derartige dünne Bleche verarbeitet und hohe Präzision verlangt, wird in ihr natürlich auch in entsprechend großem Umfange der Blockschnitt Verwendung finden, wie wir das auch aus den folgenden Auseinandersetzungen entnehmen können.

Abb. 7 zeigt zwei besondere Formen von Schnittwerkzeugen. Links ist ein sogenannter Messerschnitt dargestellt, der zum Schneiden von Ringen aus ganz dünnem Isoliermaterial, z. B. Papier, Leinen usw., dient. Er besteht aus zwei kreisförmigen Messern 1 und 2, die zwischen sich einen von Feder 4 betätigten Auswerfer 3 enthalten. Als Unterlage beim Schneiden verwendet man Fiber oder Holz. Derartige Schnitte sind eigentlich nicht mehr in einer starken Massenfabrikation zu verwenden, sondern sollen bei größeren Stückzahlen möglichst durch Blockschnitte ersetzt werden.

Das Bild rechts zeigt einen Beschneider und dürfte, streng genommen, im Rahmen dieser Erörterung gar nicht erscheinen, da es das einzige von den gezeigten Schnittwerkzeugen ist, welches man als spanabhebend bezeichnen muß. Es dient zum Beschneiden von besonders starken Isolationsmaterialien, bei denen die Schnittkanten zu unsauber sind, als daß sie als geschnittenes Teil ohne weiteres zu verwenden wären.

Es wird hier die geschnittene Scheibe auf den Auswerfer 2 gelegt, der Stempel 1 geht nach unten, so daß die Kanten zwischen Stempel und Schnittplatte 3 geschnitten werden. Die Schnittplatte selbst ist messerartig zugeschärft und schneidet einen schmalen Span von dem Arbeitsstück ab.

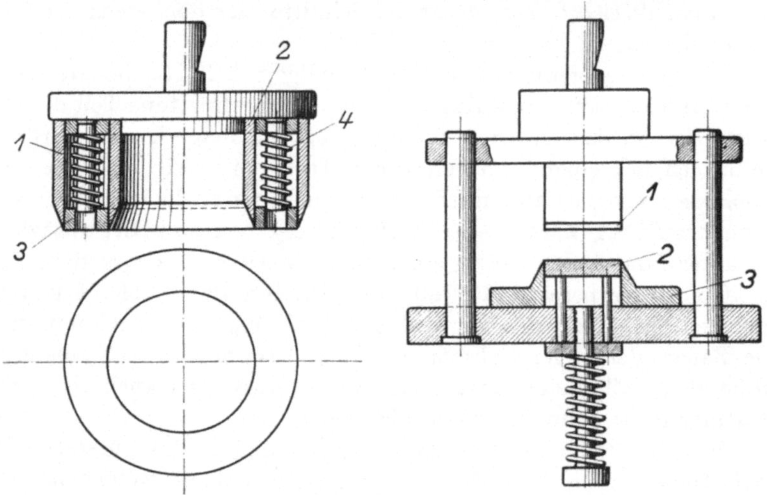

Abb. 7. Messerschnitt und Beschneider.

Auf Abb. 8 sind zwei Abschneidewerkzeuge dargestellt. Davon arbeitet der Abschneider links ohne jeden Abfall. Das Material wird wie mit einer Schere zwischen den beiden Stempeln durchgeschnitten und durch zwei Niederhalter gleichzeitig festgehalten. Der Anschlag muß in Form einer Brücke frei gearbeitet sein, damit das abgeschnittene Stück gemeinsam mit dem Stempel nach unten gehen kann.

Der Abschneider rechts stellt gleichzeitig 2 Lochungen her. Da auf derartigen Werkzeugen Bandmaterial verarbeitet wird, das in der Breite erhebliche Differenzen aufweist, empfiehlt es sich, eine Zentrierung vorzusehen, damit die Lochungen stets in die Mitte des Bandes kommen. Diese Zentrierer, in der Abb. rechts und links, sind hier ziemlich primitiv ausgebildet, erfüllen aber ihren Zweck.

Der eigentliche Trenner besteht aus einem rechteckigen Stempel, der aus dem Band einen schmalen Streifen herausschneidet.

Damit wären die Schnittwerkzeuge in ihren wesentlichen Typen besprochen; wir wenden uns nunmehr den Biegestanzen zu.

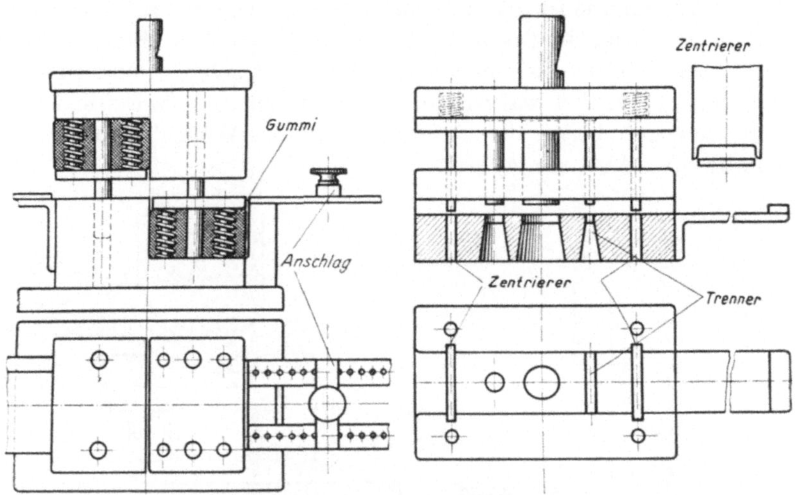

Abb. 8. Abschneider sowie Abschneider mit Locher.

Von diesen gibt **Abb. 9** zwei typische Beispiele für das Biegen gestanzter Bleche. Es liegt nahe, die Biegung in einer Stanze auszuführen,

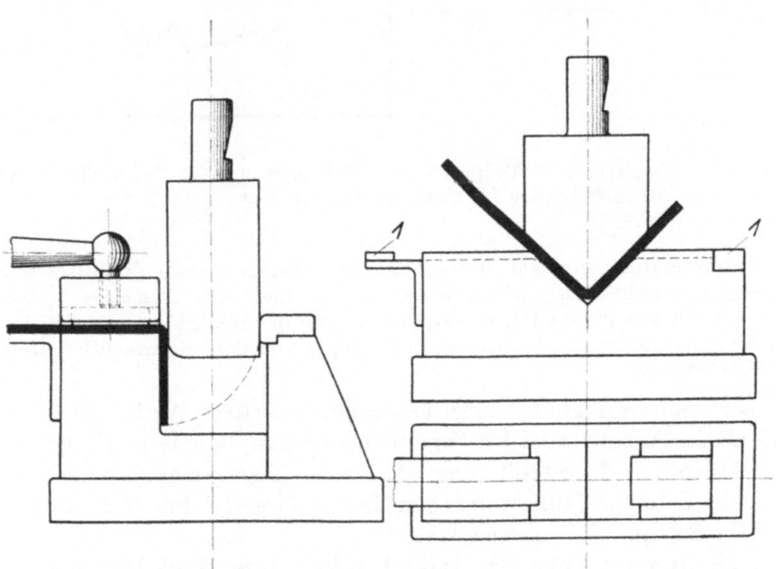

a) Biegestanze einfachster Art.   b) Biegestanze für einfache Winkel.
Abb. 9.

ähnlich, wie man im Schraubstock einen Teil zu biegen gewohnt ist, und ein Werkzeug zu konstruieren, wie es links in der Abb. dargestellt ist. Im allgemeinen wird man aber die Biegung eines rechten Winkels nicht in der links in der Abb. dargestellten Weise ausführen, da das Einspannen des Bleches umständlich und kostspielig ist, und außerdem der gebogene Winkel wahrscheinlich etwas zurückfedern würde. Man wählt deswegen besser die einfachere Art des Winkelbiegens, wie sie rechts in der Abb. dargestellt ist.

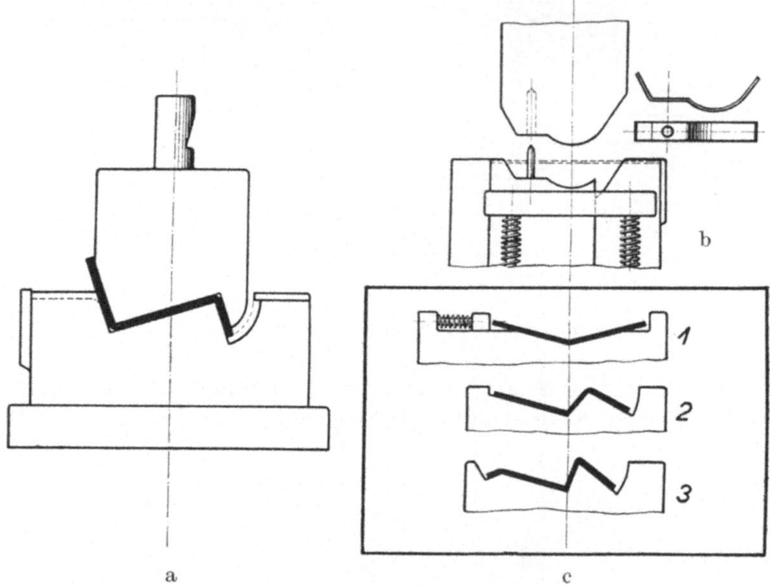

Abb. 10. a) Biegestanze für Doppelwinkel. b) Biegestanze für Bogen ohne Kanten.
c) Arbeitsgang für einen dreifach gebogenen Winkel.

Das Werkstück wird auf eine Stahlmatrize gelegt, die mit einem prismatischen Einschnitt versehen ist und außerdem rechts und links Anschläge 1 besitzt. Der ebenfalls aus einem Prisma bestehende Stempel schlägt mit seiner Schneide auf das Material auf und biegt es so, unabhängig von allen Materialdifferenzen, im richtigen Winkel.

Eine Gefahr liegt allerdings bei einem derartigen Werkzeuge insofern vor, als das Arbeitsstück bei Beginn des Biegens bereits die Einlage bzw. die Anschläge 1 verläßt und dadurch Ungenauigkeiten entstehen können. Diese Gefahr ist um so größer, je weniger scharf die Schneide des Prisma am Stempel ist.

Abb. 10 zeigt links eine Doppelwinkelstanze. Auch hier sieht man wieder, wie bei den einfachen Winkeln, daß bei den Arbeitsgängen das Stück nicht in der Einlage festgehalten werden kann. Derartige Doppelwinkel lassen sich nur bei verhältnismäßig kurzen Schenkeln einigermaßen genau in einem Arbeitsgang biegen, wobei man unbedingt damit rechnen muß, daß geringe Differenzen in den Schenkellängen auftreten werden. Je größer die Abrundungen in den Biegungen sind, desto größer werden die auftretenden Verschiebungen beim Biegen und somit die Ungenauigkeiten sein.

In der Abb. rechts oben ist ein Teil mit einem besonders großen Biegeradius dargestellt. Ein derartiges Stück ist einigermaßen genau nur noch zu biegen, wenn man es während des Biegens auf einem Aufnahme-

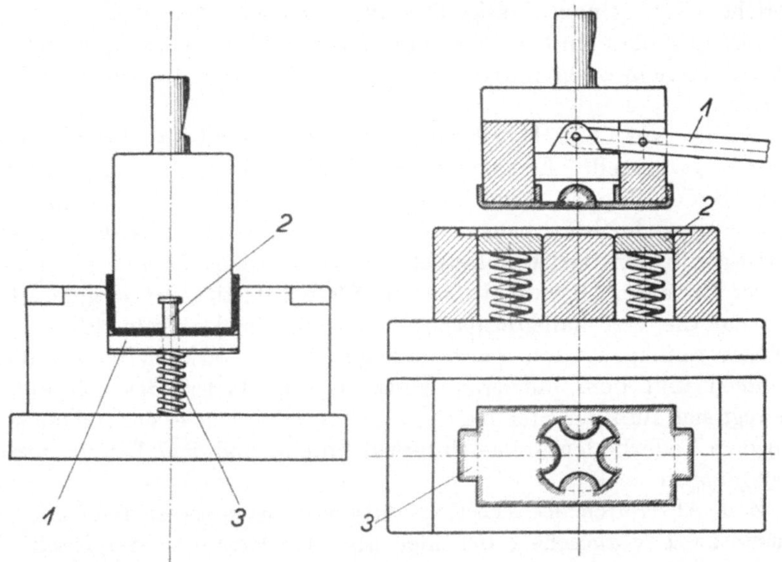

a) Biegestanze für U-förmige Winkel.   b) Biegestanze für mehrere Lappen.

Abb. 11.

stift fixieren kann. In einem solchen Falle muß das betreffende Teil der Biegestanze federnd angeordnet sein, damit das Werkstück beim Anfang des Biegens bereits durch den Stempel auf der Aufnahme festgehalten wird.

Rechts unten ist der Arbeitsgang für einen dreifach gebogenen Winkel dargestellt. Ein derartiges Stück kann natürlich in einem Arbeitsgange nicht mehr hergestellt werden, da beim Biegen das Material nicht über die Biegekanten herangezogen werden kann. Da außerdem der verlangte Winkel besonders spitz ausgefallen ist, sind in diesem Falle 3 Arbeitsgänge erforderlich.

Bei der Stanze zum Biegen in U-Form (Abb. 11) liegt das Werkstück wie bei den bisherigen Stanzen in den Aussparungen des

Unterstempels und wird durch den Oberstempel auf beiden Seiten gleichzeitig hochgebogen. Nach Möglichkeit soll man auch hier eine mittlere Aufnahme durch einen Stift vorsehen, damit ein Verschieben des Werkstückes beim Biegen verhindert wird. Dieser Aufnahmestift 2 ist auf einem Federboden 1 befestigt, bewegt sich beim Biegen nach unten und wird dann durch eine Feder 3 wieder nach oben gedrückt. Bei einer derartigen Stanze ist man in bezug auf Genauigkeit der Ausführung davon abhängig, ob auch die Stärke des Materials durchweg gleich ist und der Annahme bei der Herstellung der Werkzeuge entspricht. Eine genau winklige Stellung der beiden Schenkel wird in den seltensten Fällen auf diese Weise erreicht; wird sie verlangt, so muß das Stück in einem zweiten Arbeitsgang von den Seiten aus nachgeschlagen werden.

Rechts auf Abb. 11 ist eine weitere Anwendung dieser Art des Biegens dargestellt. Es handelt sich hier darum, an einem Arbeitsstück 3 die beiden Lappen rechts und links und die vier halben Rundungen in der Mitte hoch zu biegen. Auf einer Grundplatte ist ein Rahmen befestigt, in den das Arbeitsstück ohne die beiden Lappen hineinpaßt. In der Mitte der Grundplatte ist ein Klotz befestigt, der so geformt ist, daß nur die vier halbkreisförmigen Lappen in der Mitte des Arbeitsstückes aufliegen. Das ganze übrige Teil 2 zwischen dem äußeren Rahmen und dem mittleren Klotz, ist als Federboden ausgebildet. Bewegt sich nun der Stempel nach unten, so drückt er das Arbeitsstück mit dem Federboden in das Unterteil hinein, und die 6 Lappen werden hochgebogen.

Zum Abstreifen des Arbeitsstückes vom Stempel ist dann noch ein Auswerfer 1 vorgesehen, der hier als Handauswerfer dargestellt ist, aber natürlich auch als Federauswerfer ausgebildet sein könnte.

Eine Kombination von Schneiden und Biegen in Form eines Durchreißers zeigt Abb. 12.

Das Arbeitsstück wird in den Rahmen 3 gelegt. Die Biegemesser 4 des Stempels reißen beim Niedergang die beiden Lappen aus und biegen sie gleichzeitig um einen bestimmten Winkel nach unten. Der Winkel wird durch 2 Auswerfer begrenzt, die an einer Platte 1 befestigt sind, welche ihrerseits durch einen Hebel 2 von Hand nach oben gedrückt werden kann.

Dieses Durchreißen ist im allgemeinen nur für geringe Beanspruchung der durchgerissenen Lappen zulässig. Es ist auf jeden Fall gefährlich, an einer scharf angeschnittenen Kante zu biegen, da der Zusammenhang des Materials bereits zerstört ist und durch die Biegung leicht ein Bruch hervorgerufen werden kann.

Über die Ausbildung von falschen und richtigen Biegekanten gibt Abb. 13 Auskunft. Da das Material beim Biegen an dem Außenradius eine Streckung erfährt, wird an beiden Enden der Biegung sich das

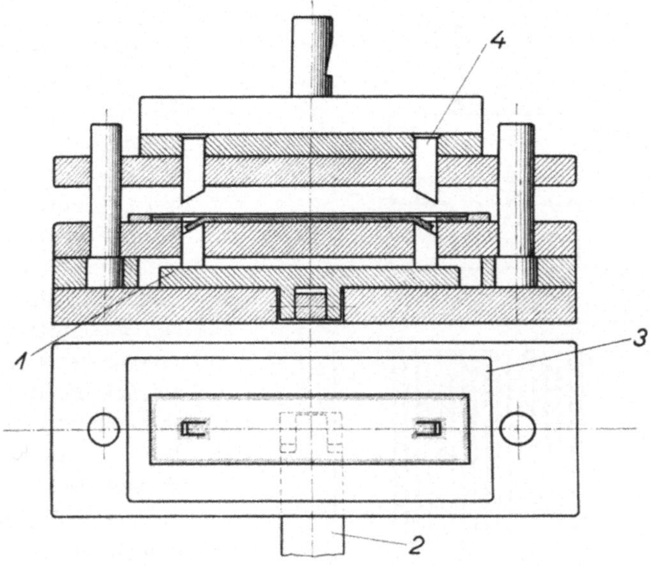

Abb. 12. Durchreißer.

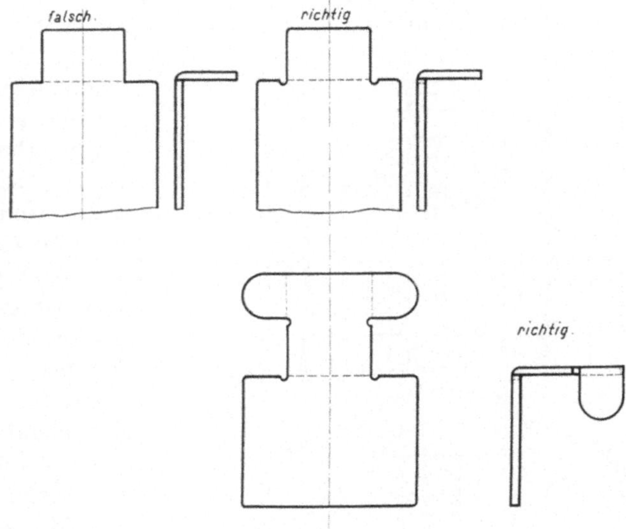

Abb. 13. Biegungen.

Material seitlich etwas ausdehnen. Man erhält hierbei, wenn diese
Ecken scharf eingeschnitten sind, sehr leicht kleine Risse im Material,
die bei einer späteren Beanspruchung zum Bruch führen können. Es

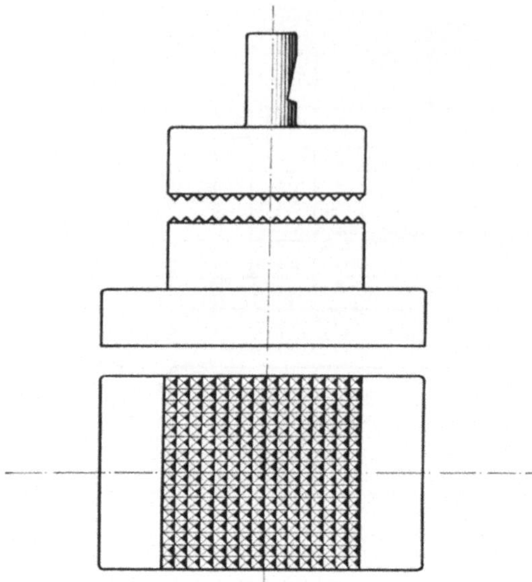

Abb. 14. Planierstanze.

empfiehlt sich, bei derartigen Biegungen von vornherein in den Ecken kleine Aussparungen vorzusehen, damit das Material frei gebogen werden kann.

Abb. 14 zeigt eine besondere Art von Planierstanzen. Das Planieren von geschnittenen Teilen zwischen zwei glatten Flächen hat die Gefahr, daß eine Streckung des Materials an der Oberfläche eintritt und Spannungen im Material entstehen, die sich später auswirken. Die hier dargestellte Stanze ergibt eine ganz feine Durchbeulung der Oberfläche, die dazu führt, daß man ohne zusätzliche Spannungen Teile sauber plan hält.

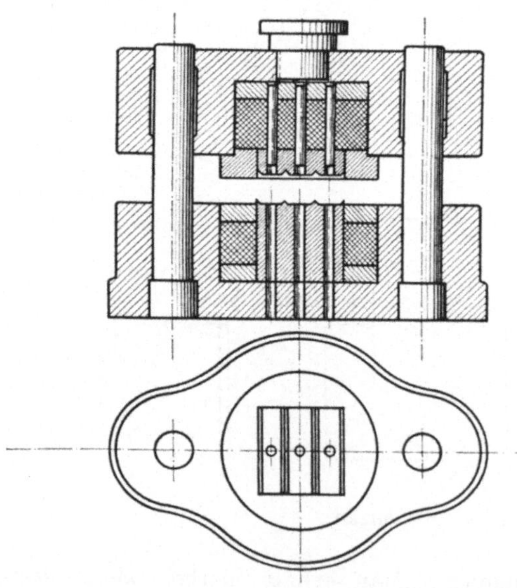

Abb. 15. Kombinierter Schnitt zum Schneiden, Biegen und Lochen.

Einen dem Blockschnitt Abb. 6 ganz ähnlich ausgeführten, der aber gleichzeitig schneidet, locht und biegt, gibt Abb. 15 wieder. Auch die Wirkungsweise ist genau die gleiche, nur daß der Stempel und der Auswerfer nicht glatt gehalten sind, sondern die Form der Biegung tragen. Ein derartiges Werkzeug entspricht den Anforderungen der Massenfertigung durchaus; hat aber wieder den Nachteil, daß ein Nachschärfen oder Reparieren sich sehr teuer stellt.

Aus Abb. 16 ist ein kombiniertes Werkzeug ersichtlich, das im allgemeinen als Gangwerkzeug bezeichnet wird. Es dient zur Herstellung des rechts im vergrößerten Maßstabe dargestellten Kabelschuhes.

Der Blechstreifen wird von rechts nach links in den Schnitt eingeführt und kommt zunächst an den uns bekannten Seitenschneider. Als nächstes wird beim Niedergang des Oberstempels die äußere

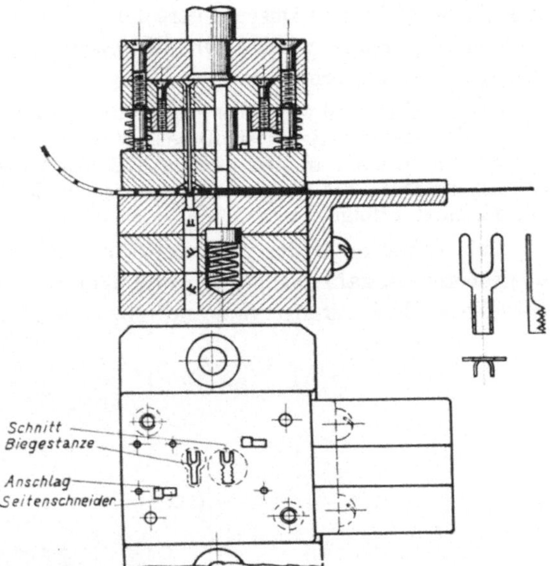

Abb. 16. Kombinierter Schnitt und Stanze.

Form angeschnitten, wobei in der Schnittplatte ein Federauswerfer das ausgeschnittene Teil in den Streifen zurückdrückt. Dieser kommt dann beim Weiterschieben des Streifens unter den Biegestempel, der die beiden Lappen hochbiegt und beim Wiederhochgehen des Oberstempels den gebogenen Kabelschuh an der Kante in der Schnittplatte abstreift; links unten ist der zweite Seitenschneider angeordnet.

Ein derartiges Werkzeug stellt bereits eine recht komplizierte Einrichtung dar und bedarf sorgfältiger Behandlung, soll es nicht zu Störungen Anlaß geben. Immerhin sind die Ergebnisse bei großen Stückzahlen recht gute, so daß es sich schon empfiehlt, bei großen Mengen derartige Einrichtungen zu schaffen.

Ein ähnliches Werkzeug, das zur Herstellung von Lötösen dient, läßt Abb. 17 erkennen. Es handelt sich hier darum, aus einem Streifen ein Stück herauszuschneiden, zu lochen und gleichzeitig mit einer ver-

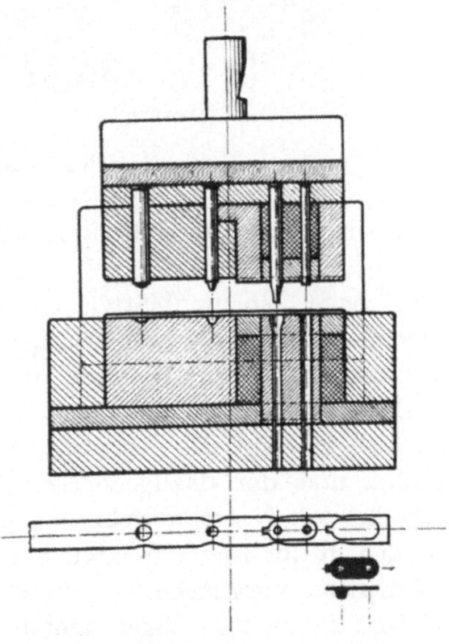

Abb. 17. Kombinierter Schnitt zum Ziehen, Lochen und Schneiden.

hältnismäßig langen Düse zu versehen. Diese Düse muß in zwei Arbeitsgängen vorgezogen werden, um die Länge und das nötige Material zum
Fertigziehen zu erhalten.

Der Streifen wird von links eingeschoben, und bei den ersten zwei Arbeitsgängen wird das Material für die Düse angebeult. Beim weiteren Vorwärtsbewegen
kommt der Streifen in den zweiten Teil des Werkzeuges, in dem das Durch-
drücken der Düse, das Lochen und das Ausschneiden nach Art der vorhin gezeigten
Blockschnitte erfolgt.

Daß Werkzeuge der geschilderten Art, namentlich wenn man sie
in größerer Anzahl benötigt, große Kosten verursachen, bedarf keines
Beweises. Es ist daher verständlich, daß man kein Mittel unversucht

Abb. 18.   Genormte Schnittkasten und dazugehörige Stempelköpfe.

lassen darf, ihre Herstellung rationell zu gestalten. Aus diesem Grunde
hat die Firma Siemens & Halske seit längerer Zeit für alle Arten
Werkzeuge Normenblätter geschaffen und die Werkzeuge, soweit
irgendmöglich, außerhalb des eigentlichen Werkzeugbaues vorgearbeitet,
der bekanntlich meist teurer arbeitet als die eigentlichen Fertigungs-
werkstätten.

Abb. 18 zeigt die Zusammenstellung derartig normalisierter Schnitt-
kästen und der dazugehörigen Stempelköpfe. Darüber sind die entsprechenden Normentafeln zu sehen. Diese Kasten und Stempelköpfe
werden in der hier gezeigten Form innerhalb der eigentlichen Massenfabrikation vorgearbeitet und stets für jede Type in großer Zahl im
Werkzeugbau am Lager gehalten, so daß für den Werkzeugmacher
nur noch das Einarbeiten des Durchbruches und das Fertigmachen des
Werkzeuges übrigbleiben.

Das gleiche gilt für die sog. amerikanischen Blockschnitte, von denen Abb. 19 einige genormte Ausführungen wiedergibt.

Einen Einblick in die Art der Registrierung und Bestellung dieser Werkzeuge ermöglicht Abb 20, S. 90.

Auf der hier dargestellten Karte werden auf der Vorderseite sämtliche Angaben über die erforderlichen Werkzeuge, die Nummern, Streifenbreite usw. eingetragen, außerdem die Ergebnisse der Vor- und Nachkalkulation und die entsprechenden Erledigungsvermerke. Auf der Rückseite werden sämtliche Reparaturen und Änderungen mit den

Abb. 19.   Genormte sog. amerikanische Blockschnitte.

Abb. 21.   Stanzwerkzeuglager.

notwendigen Angaben über Datum und Preis vermerkt. Selbstverständlich muß auch der Lagerung derartiger Werkzeuge ein besonderes Augenmerk gegeben werden, wofür Abb. 21 ein Beispiel zeigt. Dieses Lager mag in der äußeren Aufmachung nicht gerade sehr modern sein, entspricht aber allen Anforderungen, die in der Praxis daran gestellt werden.

1—5	6—10	11—15	16—20	21—25	26—31	n.b.	n.abg.

CB Zeichng. Nr.: *F. tist. 71 Tz. 27* — **Liefernder Meister:** *Bambach* — **Bestellkarte Nr.: 27503** — **Datum: 21. Mai 1922**

Teil; *Montageplatte* | **Pos.:** *F. 9*

Bohrl.

  1 Schnitt
  1 Locher
  2 Stanzen
  1 Prägestanze

Nr. 19692, I—IV

Besteller: *Moldenhauer*

Bestellblatt: *45*

Bestelldatum: *24. 4. 22*

Kto.: *F*

Ben. 208 — *Streifenbreite 123 mm / 1 m = 9 Stck.*

Empfänger: *Kneifel*

	Termine			**Gewünschter Termin:**	**Voraussichtlicher Termin:**
	Meister	abgeg.T.	Gelief.		

Wk. Zeichng. Nr.: *Zeichng. anbei* — 20. 7. 22 | 31. 7. 22 — **Vorkalkulation:** 1200.— — **Gründe der Kalkulationsunterschiede**

M 38 kg L 4100.— | **Kalkuliert** | *Wz. 5. 827*

Muster: *Muster anbei* — **Nachkalkulation:** + 20%

M L 5415.— | **Kalkuliert**

Gründe der Terminüberschreitung:

Werkzeug. Nr. u. Bezeichnung: *Nr. 19692, I—IV, F. tist. 71, Tz. 27, Montageplatte F 9* — **Terminabgabe bis:** | **Regist. durch** *Jaeger* | **Erf. Lieferg.** *1. 8. 22*

N. u. M. *erl.* — **Termin abgegeb. am:** | **In Arbeit am** *2. 6. 22* | **Unterschr.** *gez. Evers II*

a) Vorderseite.

Datum	Arbeit	Preis	Datum	Arbeit	Preis
Fol. 22786 *Evers I* *8. 12. 22*	*Schnitt Nr. 19692 II* *Schnittplatte erneuern*	3500.—			
Fol. 25054 *Evers I* *8. 3. 23*	*Schnitt Nr. 19692 II* *Schnittplatte nacharbeiten*	3000.—			
Fol. 25343 *Evers I* *26. 3. 23*	*Stanze Nr. 19692 III* *Oberteil nacharbeiten*	10120.—			
Fol. 7840 *Badow* *10. 12. 23*	*Locher Nr. 19692 II* *ändern*	12.50			
Fol. 24063 *Badow* *20. 2. 24*	*Sämtliche Werkzeuge n. Zeichnung ändern*				

> **Werkzeuge** *Nr. 19692, I-IV*
> *1 Schnitt, 1 Locher, 2 Stanzen, 1 Prägestange*
> *Abt. Kneifel / Teichert*
> **erhalten am** *1. 8. 23*

b) Rückseite.

Abb. 20. Muster einer Karteikarte.

An jedem Werkzeug hängen kleinere oder größere Marken in verschiedenen Farben. Die Marken werden von der Fertigungsabteilung beim Ausspannen des Werkzeuges nach Gebrauch von einer dafür maßgebenden Dienststelle angehängt. Durch die verschiedenen Farben der Marken bzw. durch die Aufschrift auf ihnen ist an dem Werkzeug im Lager zu erkennen, ob es repariert werden muß oder von der Reparatur gekommen ist. In besonderen Fällen deutet die Marke an, daß bei der nächsten Inbetriebnahme vorerst Ausfallmuster zur Begutachtung

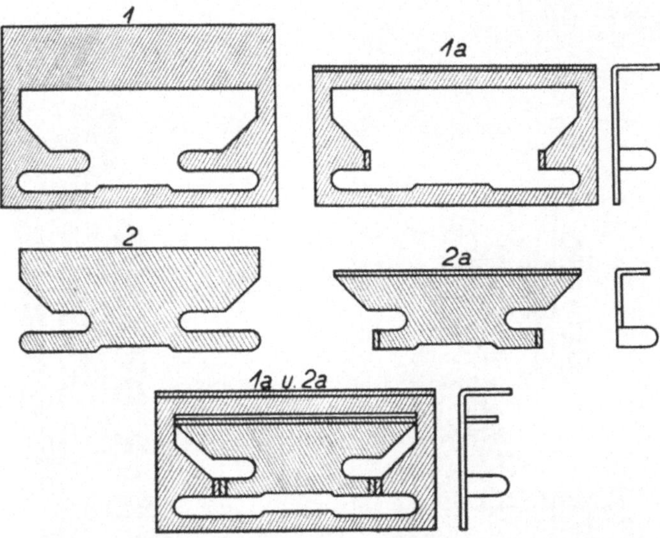

Abb. 22. Günstige Konstruktion eines Stanzstückes.   Verwertung des Abfalles.

anzufertigen sind, ehe eine Massenfabrikation damit von neuem aufgenommen werden darf.

Im Lager selbst wird ebenfalls eine Kartothek über die Werkzeuge geführt, die aber nur den Standort des betreffenden Werkzeuges angibt bzw. an wen es verausgabt ist. Die anderen Angaben über das Werkzeug befinden sich in der Zentralwerkzeugregistratur, aus der die Karte Abb. 20 stammt.

Als Beispiel für eine besonders günstige Durchbildung eines Werkstückes, bei dem ein Abfall so gut wie gänzlich vermieden ist, sei dann noch Abb. 22 wiedergegeben. Hier ist das ausgelochte Teil 2 wieder für die Konstruktion verwendet. Man spart also außer dem Material auch einen besonderen Arbeitsgang, da das Lochen des einen Teiles gleichzeitig das Schneiden des zweiten Teiles bedeutet.

1a und 2a zeigen die Teile fertig gebogen.

Schließlich seien noch eine Anzahl Abbildungen der gebräuchlichsten Maschinen in der Stanzerei wiedergegeben, ohne daß auch hier etwa eine Vollständigkeit beabsichtigt wäre.

Abb. 23 stellt eine Handhebelpresse dar, wie sie mit Vorteil für kleine Biegearbeiten und Stempelarbeiten in der Einzelanfertigung verwendet wird, Abb. 24 eine Fußhebelpresse, wie sie für leichte Biegearbeiten in der Massenfabrikation verwendet wird. Für ganz dünne Materialien ist es

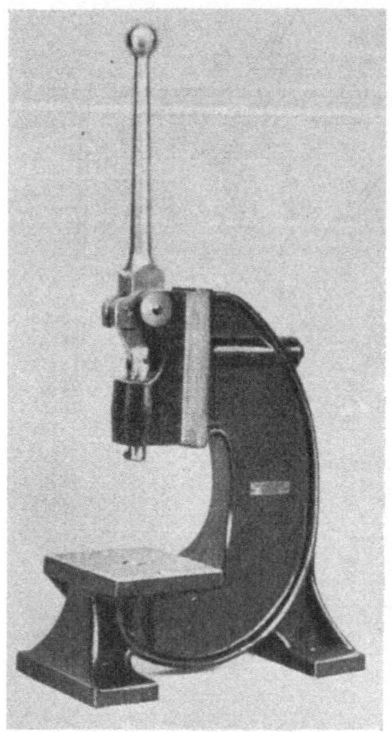

Abb. 23. Handhebelpresse.

Abb. 24. Fußhebelpresse.

vorteilhafter, die Biegungen mit einer derartigen Fußhebelpresse als maschinell vorzunehmen, da die erforderliche Kraft zum Biegen kleiner, dünner Teile so gering ist, daß eine Maschinenkraft nicht in Frage kommt. Die körperliche Arbeit des Mädchens an einer derartigen Presse ist nicht viel größer, als wenn sie eine maschinelle Presse einrücken muß, und man erspart die komplizierte Maschine und die Antriebskraft.

Abb. 25 zeigt die kleinsten Exzenterpressen mit maschinellem Antrieb, die auf einem Werktisch montiert sind.

Interessant an dieser Abb. ist die Preßluftanlage, die dafür sorgt, daß die Teile nach dem Biegen automatisch aus dem Werkzeug herausgeblasen werden in einen kleinen Käfig hinein und von da aus gleich in den Lieferkasten fallen.   Durch Anordnung eines Ventiles, das durch den Maschinenstößel bei Hochgang des Stößels betätigt wird, wird ein Luftstrom für einen kurzen Augenblick durch eine Düse unter das Werkzeug geblasen, und das Werkstück fällt in die Lieferkiste.   Sämtliche Maschinen auf diesem Bilde sind mit einer derartigen Einrichtung ausgerüstet.

Eine wichtige Frage für die Stanzerei ist der Schutz der Arbeiterin vor Unfällen durch die Maschine.   Bei allen Biegeoperationen ist es er-

Abb. 25.   Kleine Exzenterpresse.

forderlich dafür zu sorgen, daß die Hände der Arbeiterin vom Werkzeug entfernt sind, wenn die Maschine eingeschaltet ist.   Es gibt eine große Anzahl von Schutzvorrichtungen in Form von Schutzkörben, die beim Niedergang des Stößels das Werkzeug verdecken oder aber, wie in Abb. 26 gezeigt ist, eine Hebelanordnung, bei der die Hebel gleichzeitig beide Hände beanspruchen, um die Maschine einzuschalten.   In den Werkstätten der Firma **Siemens & Halske** ist an allen Exzenterpressen diese letztere Vorrichtung angebracht, da die Sicherheit bei ihr größer ist als bei Schutzgittern.

Die hier gezeigte Anordnung ist zwar eine etwas primitiv hergestellte Schutzeinrichtung, die sich aber ganz ausgezeichnet bewährt hat.   Die

Abb. 26. Anordnung zweier Einrück-
hebel als Schutz gegen Unfälle.

Einrückstanze, die vom Fußhebel bedient wird, ist ausgehängt und statt dessen ein Gelenkstück eingesetzt, das einen Wagebalken trägt. An diesen Wagebalken greifen 2 Stangen an, die getrennt voneinander je durch einen der beiden Handhebel heruntergezogen werden müssen, um die Maschine einzuschalten. Betätigt das Mädchen nur einen der Hebel, so kippt der Wagebalken um, und die Maschine wird nicht eingerückt. Nur wenn das Mädchen beide Hebel gleichzeitig gleich stark nach unten zieht, schaltet sich die Maschine ein. Eine etwas gebräuchlichere Anordnung ist die, daß der eine Handhebel den anderen arretiert.

Abb. 27. Mittelschwere Exzenterpressen.

Abb. 27 gibt eine Reihe mittelschwerer Exzenterpressen wieder. Auch an ihnen sind die Preßluftauswerfer zu erkennen, die in diesem

Falle dazu benutzt werden, beim Schneiden mit dem Blockschnitt
Teile, die aus den Streifen sich lösen, unter dem Werkzeug wegzublasen.
Bei allen drei auf dieser Abb. ersichtlichen Maschinen sind ameri-

Abb. 28. Sehr schwere Exzenterpressen.

kanische Blockschnitte eingespannt, deren Verwendung man in den
Werkstätten von Siemens & Halske verhältnismäßig häufig findet.
    Abb. 28 zeigt eine der schwersten Exzenterpressen mit Einzelantrieb.
die nicht mehr mit einseitiger Lagerung des Exzenters, sondern als
doppelarmige Presse ausgeführt ist, und Abb. 29 eine Exzenterpresse
mit automatischem Greifertransport. Eine solche Maschine eignet sich
ganz besonders für die Herstellung sehr großer Mengen. Eine Bedienung

Abb. 29. Exzenterpresse mit selbsttätigem Greifertransport.

Abb. 30. Arbeiterinnen an Handspindelpressen.

fällt hier so gut wie gänzlich fort. Sie besteht auschließlich darin, von Zeit zu Zeit ein neues Band einzuspannen und der Maschine zuzuführen. Die Entwicklung derartiger automatischer Transporte ist heute soweit vorgeschritten, daß man eine sehr hohe Genauigkeit im Vorschub erreicht,

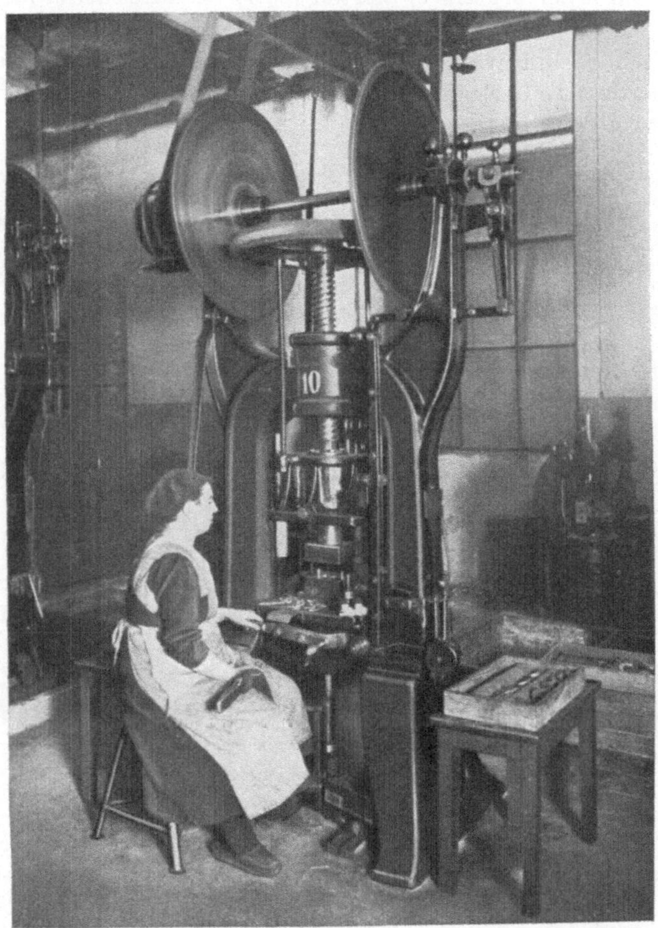

Abb. 31. Mittlere Spindelpresse mit maschinellem Antrieb.

so daß man ohne weiteres mit Vorlocher schneiden kann und mit Störungen während des Arbeitens im wesentlichen nicht zu rechnen braucht.

Die andere Art der in der Stanzerei gebräuchlichen Maschinen sind die Spindelpressen.

Auf Abb. 30 ist eine Serie von Handspindelpressen dargestellt, die für Planierarbeiten und evtl. auch leichtere Biegearbeiten verwendet werden. Der Vorteil der Spindelpresse gegenüber der Exzenterpresse liegt darin, daß man einen festen Anschlag bis auf das Material ausführen kann und dabei die Energie der sich drehenden Massen auf das Arbeitsstück sich auswirken läßt, während der durch Exzenter angetriebene Stempel bei seinem tiefsten Hub evtl. das Material nicht mehr berührt, wenn es etwas schwächer als normal ausgefallen ist.

Auch hier sind wieder sämtliche Pressen mit Preßluftauswerfern versehen, damit ein Entfernen der gebogenen oder planierten Teile von Hand vermieden wird.

Abb. 32. Blick in eine Stanzwerkstatt.

Der Nachteil jeder Spindelpresse liegt darin, daß die Arbeitszeit gegenüber derjenigen der Exzenterpresse verhältnismäßig groß ist.

Abb. 31 zeigt eine mittlere Spindelpresse mit maschinellem Antrieb, die für kräftige Biegearbeiten benötigt wird.

Schließlich gibt Abb. 32 eine Übersicht über einen Saal der Stanzereien dieser Firma allerdings ist nur eine Type von Maschinen auf dieser Aufnahme zu sehen.

Im Hintergrund befindet sich die Revision, in welcher sämtliche Teile geprüft werden.

Der in vorstehenden Ausführungen gegebene Überblick über die Einrichtungen einer modernen Stanzerei und die Durchbildung der von ihr benötigten Werkzeuge dürfte einen Beweis dafür gegeben haben, daß in der Massenfabrikation von Stanzteilen, wo es sich um viele Tausende von Stücken handelt, eine hohe Präzision ohne weiteres möglich ist, wenn entsprechende Einrichtungen geschaffen sind. Es soll aber nicht unterlassen werden darauf hinzuweisen, daß es dazu stets, vor allem aber in der Elektroindustrie mit ihren verhältnismäßig geringen Toleranzen bei fast allen Erzeugnissen, besonders wichtig ist, einen außerordentlich guten Stamm von Facharbeitern, insbesondere Werkzeugmachern, zu haben, die laufend derartige Einrichtungen schaffen und instandhalten können.

Das Pressen von Nichteisen-Metallen.

Von Dr.-Ing. **A. Peter**, Oberirgenieur der AEG, Kabelwerk Oberspree, Berlin-Oberschöneweide.

Entwicklung des Warmpreßverfahrens.

Geschichtliches. Die wirtschaftlichen Verhältnisse nach dem Krieg drängen uns mehr denn je dazu, unsere Rohstoffe auf das äußerste auszunutzen und den Arbeitsaufwand bei ihrer Verarbeitung möglichst zu verringern. Nur unter strengster Beachtung dieser Punkte wird es uns möglich sein, auf dem Weltmarkte den Wettbewerb mit andern Ländern durchzuführen.

Da Deutschland arm an Metallerzen, besonders des Kupfers und Zinnes ist, und diese Rohstoffe auch vor dem Kriege fast ausschließlich aus dem Ausland bezogen wurden, hat schon frühzeitig das Bestreben eingesetzt, mit den Metallen möglichst hauszuhalten und ihre Verarbeitung auf das sorgsamste durchzubilden.

Das Pressen von Metallen ist Ende des vorigen Jahrhunderts zuerst in Deutschland eingeführt worden. Bereits im Jahre 1891 hat die Deutsche Delta-Metall-Gesellschaft, Düsseldorf-Grafenberg, Metall-preßteile mit einem Stanzhammer hergestellt, und um die Jahrhundertwende hat die A E G die Erzeugung von gepreßten Messingteilen für elektrische Kontaktstücke, Ausrüstungsteile für Gas- und Wasserleitungen in größerem Umfang aufgenommen. Erst später, nachdem Preßteile nach England ausgeführt worden waren, ist auch dort die Herstellung aufgenommen worden. In amerikanischen Zeitschriften wird berichtet, daß die Erzeugung von Preßteilen erst zu Beginn des Krieges eingerichtet worden ist und während seiner Dauer einen großen Umfang bei der Herstellung von Zünderteilen eingenommen hat.

I. Verwendungsgebiete.

Mit dem Aufschwung der Elektrotechnik und der Zunahme des Bedarfes an Metallteilen für diese Industrie entwickelte sich die Metallpresserei kräftig weiter. Man stellt heute durch Warmpressen u. a. folgende Gegenstände her: Teile für elektrische Maschinen und Geräte wie Kabelschuhe, Kontaktschuhe u. dgl., für den Leitungsoberbau von Straßenbahnen, wie Klemmösen und Stromabnehmerrollen, ferner

Schienenverbinder für elektrische Bahnen, neuerdings auch Ausrüstungsteile für Hochspannungsleitungen nach Abb. 1.

Ein umfangreiches Verwendungsgebiet für Preßteile stellt ferner seit Jahren die Ausrüstung von Gas- und Wasserleitungen dar, wobei es

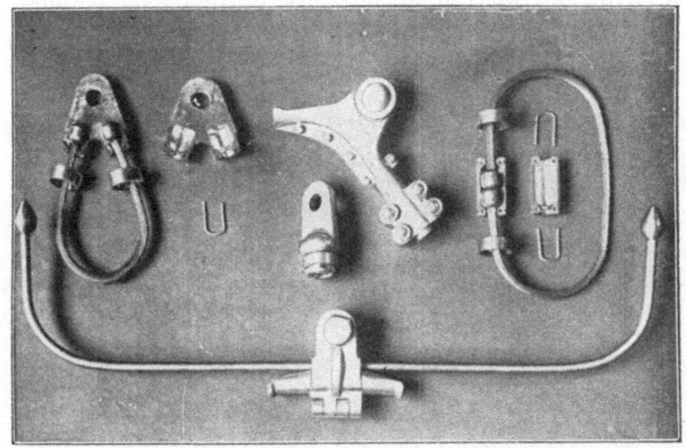

Abb. 1. Ausrüstungsteile für Hochspannungs-Freileitungen (TWL 331).

sich um Überwurfmuttern und Handrädchen für Wasserleitungshähne, für Hochdruckarmaturen, ferner Ventilkörper, Hahnküken, Hebel aller Art usw. handelt. Und schließlich gibt Abb. 2 einige Beispiele für die Herstellung von Lagerschalen und Lokomotivteilen durch Pressen, die neuerdings mehr und mehr in Aufnahme kommt.

Früher hat man im Fahrzeugbau für Metallteile fast ausschließlich Bronze verwendet, weil man glaubte, daß dieses teure Material auch das beste sein müßte. Nach

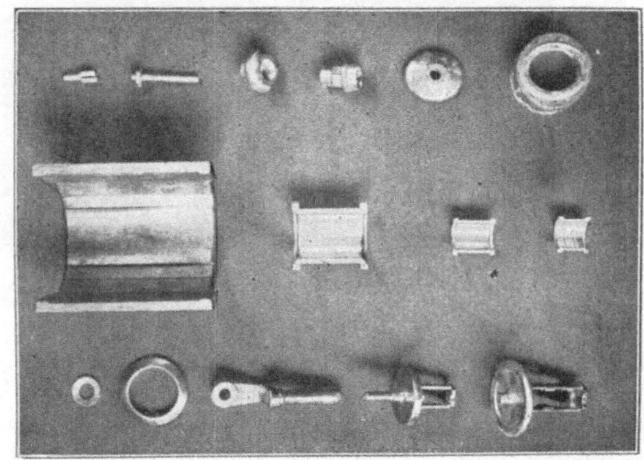

Abb. 2. Eisenbahnmaterial aus Preßmetall (TWL 333).

Erkenntnis der großen Vorzüge von Preßmetall hat hier die Verwendung von Preßmessing bereits in größerem Umfange stattgefunden. In Abb. 3 sind einige Teile aus dem Automobilbau aufgeführt.

Fördernd ist für die Verwendung von Preßteilen die Normung geworden, die besonders nach dem Kriege kräftig eingesetzt hat. Gleich

im voraus soll bemerkt werden, daß Preßteile nur dann wirtschaftlich
ausgeführt werden können, wenn man sie in größten Massen herstellt.

Eine Fülle von Anfragen gehen bei den Fabriken für Preßteile ein,
in denen Auskunft erbeten wird, ob dieser oder jener Teil, der bisher
gegossen wurde, als Preßteil hergestellt werden kann. Diese Anfragen
zeigen, daß zwar die Vorteile des Preßmetalls gegenüber dem Guß
allgemein erkannt worden sind, daß aber die Anforderungen, die an das

Abb. 3.   Automobilteile.

Material gestellt werden können, und die leitenden Grundgedanken der
Formgebung des Konstrukteurs noch wenig bekannt sind. Dies Gebiet
ist heute noch ungenügend durchforscht, und es sind hier dem Forscher
und Betriebsmann eine Reihe von Aufgaben gestellt, die ihrer Lösung
harren.

II. Eigenschaften der Preßteile.

1. Preßmetalle und Preßlegierungen.   Außer den reinen Metallen, wie
Kupfer, Aluminium, Zink, kommen als Legierungen für Preßteile haupt-
sächlich Zink-Kupferlegierungen mit durchschnittlich 60 vH Cu in
Betracht. Ein geringer Gehalt von Eisen, Blei, Mangan, Nickel, Alu-

minium usw. in diesen Legierungen erhöht ihre Bearbeitbarkeit durch Pressen und ihre Bruchfestigkeit im erkalteten Zustande.

Für Preßteile, die eine besonders große Härte und genügenden Widerstand gegen Abnutzung aufweisen sollen, wird Messing mit einem Zusatz von etwa 3 bis 4 vH Sn oder 1,4 bis 3 vH Mn verwendet. Diese Legierungen sind im kalten Zustande sehr hart, lassen sich jedoch bei Rotglut ebenso wie die übrigen Messinglegierungen gut pressen. An Leichtmetallen werden außer reinem Aluminium auch die Legierungen Elektron (Cu-, Zn-, Al-, Mg) und Silumin (Si-Al) mit Erfolg zu Preßteilen verarbeitet.

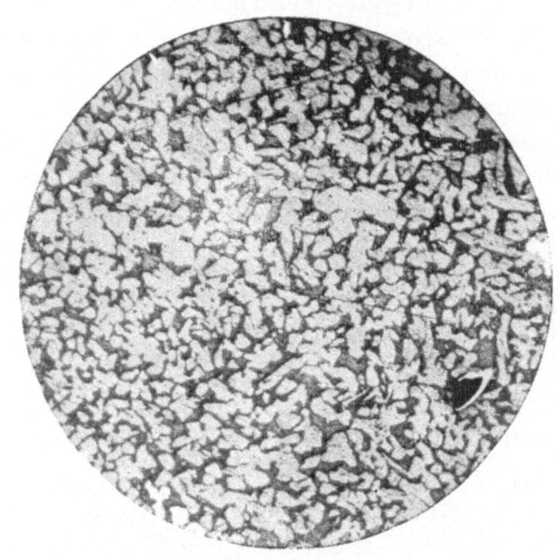

Abb. 4. Gefüge von Preßmessing (TWL 387).

Von wesentlicher Bedeutung für die Wirtschaftlichkeit der Preßmetalllegierungen gegenüber dem Guß ist, daß die üblichen Legierungen im Durchschnitt nur etwa 60 vH Cu, Rest Zn und nur in ganz wenigen Fällen 3 bis 5 vH Sn oder Mn enthalten, während Rotguß 85 vH Cu und 5 bis 15 vH Sn enthält. Nur durch den Zinnzusatz läßt sich beim Rotguß ein einigermaßen dichter Guß erzielen. Beim Gelbguß, der kein Zinn enthält, ist es

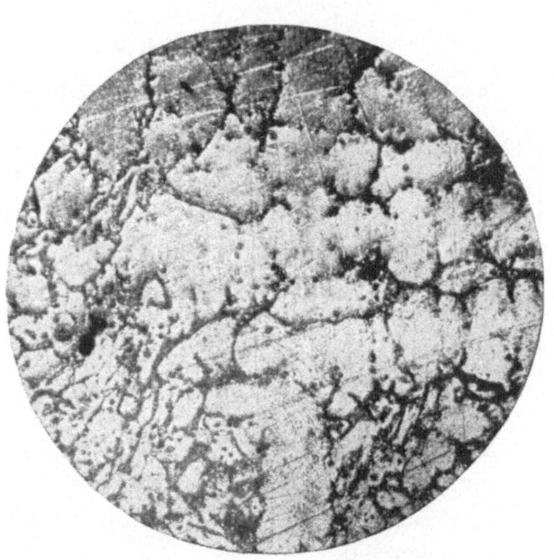

Abb. 5. Gefüge von Messingguß (TWL 387).

oft unmöglich, fehler- oder porenfreie Gußstücke zu bekommen.

In Abb. 4 und 5 sind die Gefüge von Preßmessing und Messingguß gegenübergestellt. Messingguß zeigt ein grobes, dendritisches Gefüge mit Schwindungshohlräumen, Preßmessing ist feinkörnig und gleichmäßig. Durch die Verdichtung und Verfeinerung des Gefüges werden die Festigkeitseigenschaften des Preßmetalls wesentlich verbessert.

2. Festigkeitseigenschaften. In Zahlentafel 1 sind die Festigkeitseigenschaften der verschiedenen Metalle angegeben. Während Preßmetalle durchschnittlich 40 bis 45 kg/mm² Zerreißfestigkeit bei einer Dehnung von 20 bis 25 vH aufweisen, haben Messing- und Rotguß durchschnittlich nur 15 kg/mm² Zerreißfestigkeit und 5 bis 10 vH Dehnung. Die Werte für Aluminium und seine Legierungen verhalten sich für Guß- und Preßmetall ähnlich.

Zahlentafel 1. Eigenschaften von Preß- und Gußmetallegierungen.

Lfd. Nr.	Benennung	Politur-farbe	Verwendungs-zweck	Spez. Gew.	Festig-keit kg/mm²	Deh-nung vH	Kerb-zähig-keit cmkg/mm²	Brinell-härte Drck.250kg Kugel 5 ⌀ kg/mm²
1	Kupfer	rot	Schienenver-binder	8,9	20	30	5,9	69
2	Zink	weiß	Armat. geringer Festigkeit	7,1	10	5	0,4	37
3	Spreemetall	goldgelb	Lagerbuchsen	8,3	45	20	3,6	90
4	Schrauben-messing	ockergelb	Kontaktteile und Armat.	8,5	45	20	2,3	85
5	Schmiedemessing	ockergelb	Freileitungs-material	8,5	40	25	4,8	80
6	Armaturmessing	weißlich-gelb	Teile hoher Härte	8,5	42	2	0,6	135
7	Segmentmessing	goldgelb	Magnetverteiler-platten	8,5	50	18	3,7	99
8	Nickelmessing	grünlich-weiß	Beschlagteile	8,5	50	20	9,4	74
9	Kontaktrollen-messing	ockergelb	Stromabnehmer-rollen	8,5	30	1	0,4	144
10	Aluminium	silbergrau	Teile für phot. Apparate	2,7	10	25	—	—
11	Elektron	stumpfes Grau	Teile für Schreib-masch. u. Appar.	1,8	27	20	—	—
12	Silumin	hellgrau	desgl.	2,6	20	5—10	—	—
13	Armaturrotguß	rot	Armaturteile	8,6	16	10	0,26	75
14	Messingguß	gelb	desgl.	8,23	15	5	—	—

Die Festigkeitseigenschaften gegenüber Druck ergeben beim Schraubenmessing bei einer Höhenabnahme um 25 vH 73,5 kg/mm², während bei Rotguß nur 58 kg/mm² und bei Messingguß nur 39 kg/mm² erreicht werden.

Die Biegungsfähigkeit des Schraubenmessings ergab bei einem Rundstab von 20 mm Durchmesser einen Biegewinkel bis zum Anriß von 175°, während Rotguß und Messingguß nur einen solchen von 46° und 43° aushielten.

Die Härte beim Schrauben- und Schmiedemessing ist annähernd die gleiche wie beim Armaturrotguß. Für besondere Fälle, z. B. bei der

Herstellung von Hahnküken, Kontaktrollen usw., sind Legierungen entwickelt worden, die eine Härte von 131 bis 161 kg/mm² bei 250 kg Druck und 5 mm Kugeldurchmesser erreichen.

Als vorteilhafte Eigenschaft von Preßmessing gegenüber Rotguß oder Bronze dürfte auch die geringe Porosität zu erwähnen sein, die sich aus dem gleichmäßigen Gefüge ergibt. Diese Eigenschaft hat besondere Bedeutung für Druckarmaturen, Benzinvergaser usw., wo bei dem bisher verwendeten Rotguß häufig Undichtigkeiten vorkamen.

Um die Bildsamkeit der verschiedenen Metalle und Metallegierungen durch Pressen

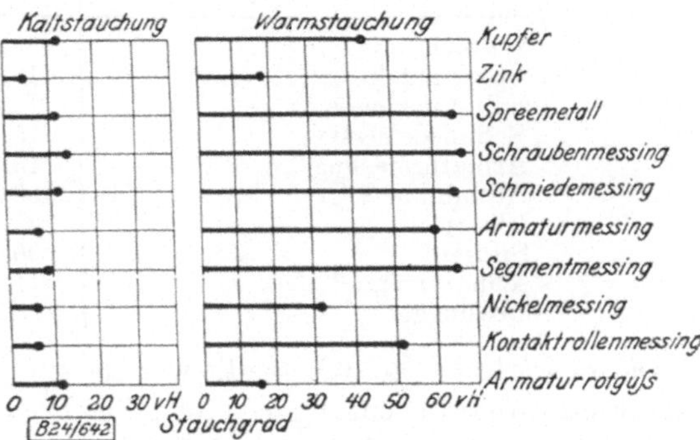

Abb. 6. Stauchgrade von Preßmetallen (TWL 389).

zu ermitteln, hat man unter einem Lasko-Brettfallhammer bei einer gleichbleibenden Schlagstärke von 334 mkg Stauchversuche angestellt. Abb. 6 zeigt die erreichten Stauchgrade (Stauchbarkeit um vH der ursprünglichen Höhe des Körpers bis zur Rißbildung) an einem Stauchzylinder von 40 mm Durchmesser und 40 mm Höhe im kalten und im warmen Zustande, d. h. bei der für das Material günstigsten Preßtemperatur.

Hieraus ist zu ersehen, daß sich Kupfer, Zink, die Nickel-Messinglegierungen und die Leichtmetallegierungen Elektron und Silumin im warmen Zustande am schwersten pressen lassen. Während diese durchschnittlich einen Stauchgrad von 20 bis 40 vH aufweisen, erreichen die Preßmessinglegierungen durchschnittlich 60 bis 70 vH und Aluminium annähernd auch 60 vH. Im kalten Zustande läßt sich Aluminium am besten pressen.

Durch schneidende Werkzeuge lassen sich sämtliche Preßmetalllegierungen leicht bearbeiten. Der Span ist meist kurzbrüchig und locker, die Spanabnahme infolge des dichten Gefüges und des Fehlens der harten Gußhaut sehr gleichmäßig.

3. Leitfähigkeit und sonstige Eigenschaften. Über die elektrischen Eigenschaften der einzelnen Preßlegierungen sind eingehende Untersuchungen im Gange, die noch nicht abgeschlossen werden konnten. Bekanntlich wird die Leitfähigkeit eines reinen Metalles durch den Zusatz geringer Mengen eines zweiten Metalles, das mit dem ersten Mischkristalle bildet, erniedrigt. Außerdem ändert sich die elektrische Leitfähigkeit der

Metalle und Legierungen beträchtlich mit der Temperatur, und zwar nimmt sie mit ihrer Erhöhung ab.

Zahlentafel 2. Elektrische Leitfähigkeit in $\dfrac{m}{Ohm \cdot mm^2}$

Benennung	bei 20° C	bei 50° C
Kupfer	55,8	48,9
Spreemetall	12,8	12,4
Schraubenmessing	15,8	15,0
Schmiedemessing.	15,9	15,1
Armaturmessing	13,8	13,4
Aluminium	33,0	29,5
Elektron	21,5	19,2
Silumin	26,5	23,6
Armaturrotguß	11,8	11,4
Messingguß	5,9	5,8

Die elektrische Leitfähigkeit, welche für Kontakte und Leitungsarmaturen große Bedeutung hat, ist beim Preßmetall günstiger als beim Rotguß, wie aus der Zahlentafel 2 zu ersehen ist. Eingehende Versuche mit den verschiedensten Preßmetallegierungen haben ergeben, daß, während die Leitfähigkeit von Messingguß nur 5,8 und Rotguß 11,4 beträgt, Schmiedemessing, das für Leitungsarmaturen hauptsächlich verwendet wird, eine Leitfähigkeit von 15,1 $\dfrac{m}{Ohm \cdot mm^2}$ besitzt.

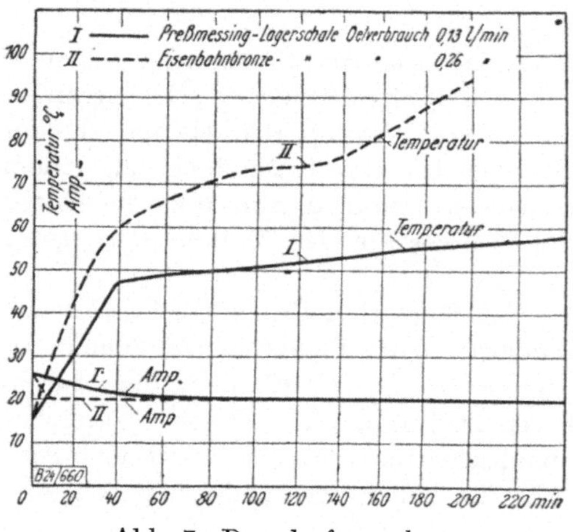

Abb. 7. Dauerlaufversuch.

Auch die Wärmeleitfähigkeit zeigt ein der elektrischen Leitfähigkeit ähnliches Bild. Der günstige Einfluß von Preßmaterial in bezug auf Wärmeleitfähigkeit ist von Bedeutung bei der Verwendung als Werkstoff für Gleitlager. Es wurden Versuche mit Lagerschalen von 70 mm Bohrung der oben angeführten Preßmetallegierungen durchgeführt bei einer Belastung von 6 und 10 kg/cm². Die Versuche ergaben (Abb. 7), daß die Preßmetallager bei einer bestimmten Ölmenge und vierstündiger Betriebsdauer eine Temperatur von nur 58° C erreichten, während bei Rotgußschalen trotz doppelter Ölmenge bereits nach 3 Stunden 90° C erreicht wurden. Die Ursache der günstigen Wirkung ist neben einer guten Wärmeleitfähigkeit der Schalen hauptsächlich darauf zurückzuführen, daß infolge des gleichmäßigen, feinkörnigen Gefüges eine glatte Oberfläche erzielt wird, wodurch der Ölschleier im Lager nicht so leicht unterbrochen werden und dadurch abreißen kann.

Die Dampfbeständigkeit der Preßmessinglegierungen ist durch Versuche geprüft worden. Eine wesentliche Einwirkung des Dampfes konnte nicht festgestellt werden. Die jahrelange Verwendung von Dampfarmaturen aus Preßmessing bestätigt diese Versuche, so daß Preßmessing dem Rotguß in dieser Beziehung voll ebenbürtig ist.

Die Widerstandsfähigkeit der Metalle gegen den Einfluß von Salzen und Säuren bildet den Gegenstand eingehender Untersuchungen[1]). Die Untersuchungen sind noch nicht abgeschlossen. Angestellte Versuche mit Lösungen von 30 vH Kochsalz, 1 vH Schwefelsäure sowie 2 vH Kochsalz mit 3 vH Salpetersäure haben ergeben, daß bei den Kochsalzlösungen Preßmessing sowohl Rotguß als auch Messingguß gleichkommt, während bei den Säurelösungen der Angriff der Säure wesentlich geringer bleibt.

III. Das Entwerfen von Preßteilen.

1. Konstruktionsregeln. Für die Konstruktion lassen sich folgende allgemeine Bedingungen aufstellen:

1. Beim Preßteil müssen scharfe Kanten möglichst vermieden werden, da sie für den Preßteil selbst und auch für das Gesenk, womit die Teile gepreßt werden sollen, von schädlichem Einfluß sind.

Das Material wird beim Fließen um eine scharfe Ecke des Gesenkes leicht unganz und bildet beim Rückstauchen eine Falte, da der Querschnitt plötzlich absetzt. Ist dagegen die Ecke abgerundet, so erweitert sich der Querschnitt allmählich beim Übergang, so daß das Material sich leichter zurückstauchen läßt.

Abb. 8. Kerbwirkung an Gesenken (TWL 340).

Außerdem bildet die scharfe Ecke im Gesenk eine Kerbe, die leicht die Ursache eines frühzeitigen Bruches des Gesenkes werden kann. Abb. 8 zeigt eine solche Kerbwirkung an einem Gesenk. Die vorstehende scharfe Ecke im

---

[1]) Korrosionsausschuß der Deutschen Gesellschaft für Metallkunde.

Gesenk nutzt sich ferner so schnell ab, daß auf die Dauer scharfe Kanten im Preßteil doch nicht erzielt werden können.

2. Wesentlich ist ferner, daß sämtliche Flächen, die in der Achsenrichtung des Gesenkes eingearbeitet werden müssen, schräg gehalten werden. Bei Hohlkörpern ist dies deshalb notwendig, weil beim Erkalten der Preßteil auf dem Stempel schrumpft und sich sonst nur schwer abziehen lassen würde.

Den Preßteilen ist aber auch außen eine gewisse Abschrägung zu geben, weil das Gesenk sich leicht staucht und der Preßteil infolgedessen schwer aus der Form herausgenommen werden kann. In Abb. 9 ist die richtige und die falsche Konstruktion eines Preßteiles gezeigt, in

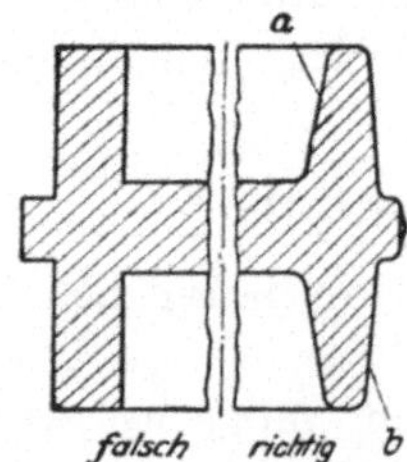

Abb. 9. Richtige und falsche Konstruktion eines Preßteiles.

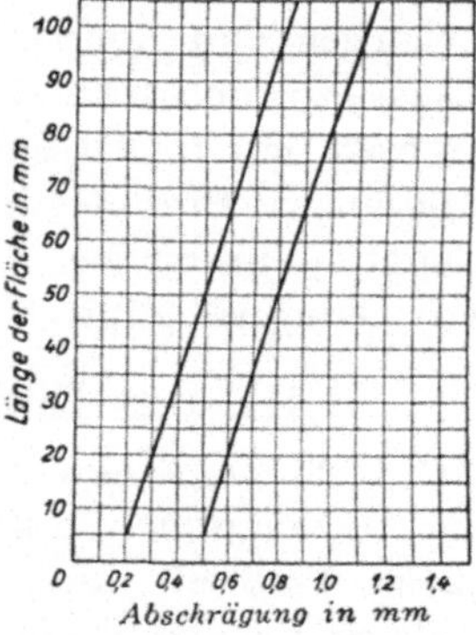

Abb. 10. Abschrägung der Innen- und Außenflächen eines Preßteils (TWL 337).

Abb. 10 die Abschrägung der Innen- und der Außenflächen in Beziehung zur Tiefe dargestellt. Die Kurven zeigen, daß die Neigung innen doppelt so stark wie die außen gehalten werden muß.

3. Bei der Konstruktion muß darauf geachtet werden, daß eine starke Querschnittvergrößerung in der Fließrichtung des Materials vermieden

Abb. 11. Faltenbildung bei einem Preßteil infolge zu starker Rückstauchung. (TWL 397).

wird; denn hier zeigt sich die bereits bei der scharfen Ecke erwähnte Faltenbildung in erhöhtem Maße. Das Material kann beim Pressen, da die Schweißtemperatur nicht erreicht wird und sich außerdem eine Oxydschicht gebildet hat, später nicht wieder zusammenfließen, wodurch Risse unvermeidlich werden.

In Abb. 11 ist eine Schlauchkupplung im Schnitt gezeigt, die durch unsachgemäße Vorpressung unganz geworden ist. Die rechte Seite zeigt im Schliff die Fließlinien des Werkstoffes, die an dem starken Querschnitt die Faltenbildung andeuten. Durch nachträgliches Auseinanderziehen werden die Risse noch deutlicher, vgl. die Darstellung Abb. 11, links.

Die Praxis hat gezeigt, daß nur rund $\frac{1}{4}$ des Querschnittes bei einer Höhe, die sich aus der doppelten Dicke des durchfließenden Querschnittes ergibt, zurückgestaucht werden kann, ohne daß das Material unganz wird, vgl. Abb. 12.

Abb. 12. Schliff eines gepreßten Ventilkörpers (TWL 396).

IV. Arten der Gesenke.

In konstruktiver Hinsicht lassen sich die Preßteile nach den Gesenken einteilen, in denen sie hergestellt werden. Wir unterscheiden einteilige, zweiteilige und dreiteilige Gesenke und ebensolche Preßteile. Je nach der Form des Preßteiles muß das Gesenk offen oder geschlossen ausgeführt werden. Auch kann es vorkommen, daß man den Unterteil des Gesenkes in zwei und mehr Teile zerlegen muß, um den unterschnittenen Teil aus der Form nehmen zu können.

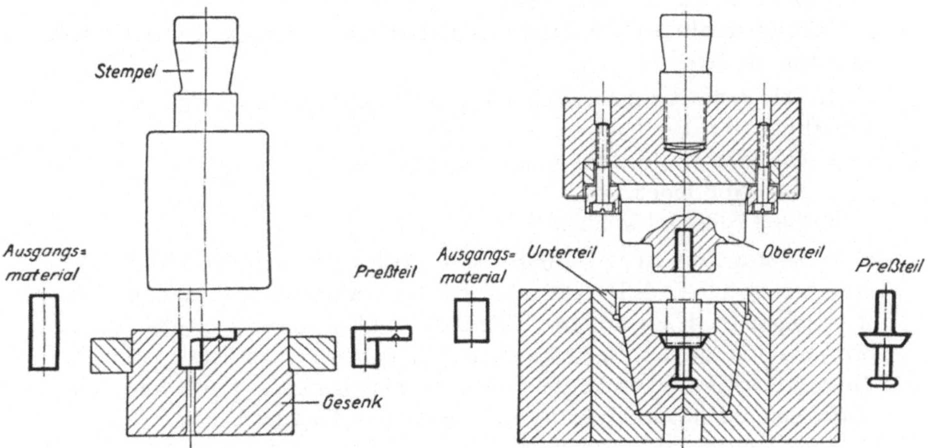

Abb. 13 a bis d. Einteiliges, offenes Gesenk zum Pressen eines Kontaktstückes (TWL 334).

Abb. 14 a bis d. Zweiteiliges Gesenk zum Pressen eines Ventilkegels (TWL 335).

Abb. 13a bis d zeigen ein einteiliges, offenes Gesenk, in dem ein Kontaktstück gepreßt wird. Das zweiteilige Gesenk, in dem ein Ventilkegel gepreßt wird, Abb. 14a bis d ist geschlossen und hat einen geteilten

Unterteil. Das dreiteilige Gesenk, in dem eine Kappe gepreßt wird, Abb. 15a bis c, ist offen und hat ebenfalls einen geteilten Unterteil.

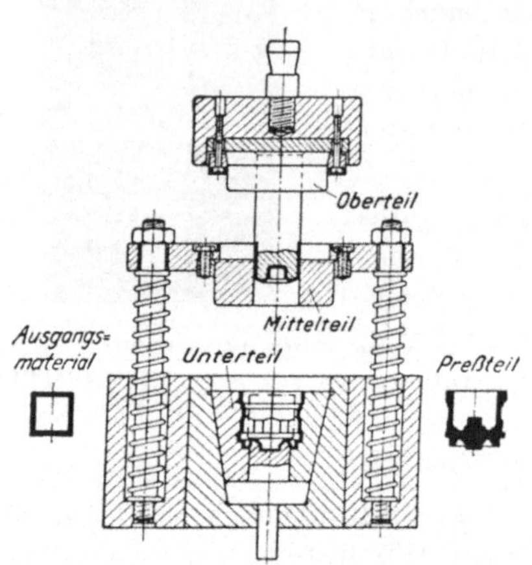

Abb. 15a bis c. Dreiteiliges Gesenk zum Pressen einer Kappe (TWL 335).

Je nach der mehr oder weniger verwickelten Form der Preßstücke werden diese in einem Gang oder in mehreren Preßgängen warm gepreßt. Es ist erforderlich, um besonders scharfe Umrisse zu erhalten und um Teile, die sich beim Herausnehmen aus der Form oder beim Abgraten verzogen haben, auszurichten, daß die Teile nochmals kalt gedrückt werden.

Bei der Feststellung des Fließvorganges beim Pressen, insbesondere bei der Ermittlung der richtigen Querschnitte beim Vorpressen, entstehen noch häufig große Schwierigkeiten. Die Querschnitte werden meist gefühlsmäßig festgelegt, und durch Probieren wird ermittelt, ob das Material beim Fertigpressen die Form ausfüllt.

Für die rechnerische Ermittlung des Fließvorganges beim Pressen sind von Bedeutung:

1. Die Querschnittsverteilung des Preßteiles im Gesenk und das Verhältnis der Preßmasse zur Fließoberfläche,

2. die Warmbildsamkeit des Werkstoffes,

3. der Preßdruck,

4. die Preßgeschwindigkeit.

In letzter Zeit ist von Dörnickel, Schweißguth, Sobbe, Hoffmeister und Riedel[1]) versucht worden, Klarheit in diesen überaus schwierigen Stoff zu bringen. Wir stehen aber immer noch im Anfang der Untersuchungen, was eben daraus hervorgeht, daß heute noch fast überall die Fließquerschnitte durch Probieren ermittelt werden. Hier dürfte eine dankbare Aufgabe für eingehende Forschungen vorliegen.

V. Toleranzen.

Infolge der Abnutzung und des Ausschlagens der Gesenke können die Abmessungen für den Preßteil nicht dauernd genau eingehalten werden. Je nach der Beanspruchung der Flächen und nach der Beschaffenheit

---

1) Vgl. Z. f. Metallk. 1922, S. 466; Z. d. V. d. I. 1918, S. 281 und 1919, S. 1107.

des Gesenkes und des Preßmaterials ist die Abnutzung geringer oder stärker. Um zu ermöglichen, daß ein Gesenk die Herstellung von durchschnittlich 5000 bis 10000 Preßstücken aushält und unter der Berücksichtigung, daß es auch häufiger nachgearbeitet wird, muß man mit einer Toleranz von 0,3 mm für die Maße des Preßteiles rechnen. Will man eine höhere Genauigkeit einzelner Flächen erreichen, so verwendet man das Kaltdrücken. Hierbei ist die Abnutzung des Gesenkes wesentlich geringer.

Für das mehr oder weniger vollständige Auspressen der Flächen in der Form wird eine Toleranz von — 0,3 mm gefordert. Das Schrumpfen beim Erkalten wird zwar bei der Anfertigung des Gesenkes schon berücksichtigt, doch kann dies auch für die negative Tolerierung in Frage kommen. Zuletzt kann auch das Stauchen einzelner Flächen im Gesenk zu einer Unterschreitung der Maße führen.

VI. Herstellung der Preßteile.

1. Arten der Maschinen zum Warmpressen. Folgende Maschinen werden zum Warmpressen von Metallteilen in Gesenken benutzt:

1. Fallhammer (Lasko-Brettfallhammer),
2. Reibtriebpresse,
3. Kurbel- oder Exzenterpresse,
4. Druckwasserpresse.

Der Lasko-Brettfallhammer würde sich infolge seiner Hubeinstellung und guten Bärführung zum Pressen von Metallteilen am besten eignen. Obgleich diese Maschine durch die Hubeinstellung in bezug auf Abnutzung der Werkzeuge große Vorteile bietet, findet sie jedoch wenig Verwendung. Der Fallhammer hat bei verhältnismäßig geringem Bärgewicht eine große Hubhöhe, wodurch sich eine hohe Preßgeschwindigkeit ergibt, die für Teile mit einer großen Materialverschiebung wenig geeignet ist.

Die bekannteste Maschine zum Pressen ist die Reibtriebpresse oder gewöhnlich Spindelpresse genannt. Sie besteht in der Hauptsache aus einem Rahmen, in dessen oberem Querstück sich an einer Mutter eine Spindel bewegt, die unten den Bär trägt. Oben hat die Spindel ein mit Leder bespanntes Schwungrad, das durch zwei seitliche Reibscheiben angetrieben wird.

Die Maschine ist sehr einfach gebaut. Die beweglichen Teile sind keiner großen Abnutzung unterworfen. Sie läßt sich zum Pressen sämtlicher Formteile verwenden, da sie einen großen Hub hat, der einstellbar ist. Von Nachteil, besonders für die Werkzeuge, ist, daß die Schlagstärke sehr von der Bedienung durch den Arbeiter abhängig ist, da der Bär durch Anpressen der Reibscheiben an das Schwungrad in Bewegung gesetzt wird. Selbst bei gleichem Preßdruck der Reibscheiben wird der Schlupf des Riemens und der Scheibe stets von der Beschaffenheit des Riemens abhängig sein, und auch dieser Umstand ergibt, daß die Schlagstärke der Pressen nie gleichmäßig ist.

Um die Mängel der Triebpresse zu vermeiden, hat man die Kurbel- oder Exzenterpresse in großem Umfange zum Pressen von Metall verwendet. Der Arbeiter hat hier nur die Feststellung auszulösen und braucht sich der Maschinenarbeit nicht zu widmen. Da der Bär stets seine eingestellten Bewegungen macht, so muß beim Einlegen zu starker Metallteile die Maschine zu Bruch gehen, wenn nicht besondere Sicherheitsglieder eingebaut sind. Die Sicherheitsglieder sind daher ein wesentlicher Bestandteil bei der Verwendung der Kurbelpresse zum Warmpressen von Metallteilen. Sehr verschiedenartige Konstruktionen sind entwickelt worden. So findet man den Scherstift und den Brechtopf, die bei Überschreiten des Druckes sofort zu Bruch gehen, und zur Regelung des Druckes werden eine mit Wasser arbeitende Druckauslösung, ein Kniehebel- und ein Federregler verwendet. Diese Sicherheitsvorrichtungen veranlassen häufig Instandsetzungen, wodurch mancher Arbeitsausfall hervorgerufen wird. Die geringe Hubhöhe der Pressen und ihre geringe Preßgeschwindigkeit sind der allgemeineren Einführung sehr hinderlich gewesen, so daß man zum großen Teil wieder zu den Reibtriebpressen zurückgekehrt ist.

Als vierte Maschinenart zum Warmpressen ist die Druckwasserpresse zu nennen. Sie ist verhältnismäßig wenig eingeführt, dürfte aber zum Pressen schwererer Stücke noch eine große Bedeutung erlangen, denn die Höhe der Druckkraft ist sozusagen unbegrenzt und der Druck auch leicht einstellbar. Für kleinere und mittlere Stücke ist die Preßgeschwindigkeit jedoch viel zu gering. Das Material würde sich im Gesenk abkühlen, noch bevor es die Form ausgefüllt hat. Auch ist der Betrieb infolge der hohen Kosten für die Erzeugung des Druckwassers teuer.

2. Vergleich der Maschinenarten. Der Vergleich der vier Maschinenarten zum Warmpressen hinsichtlich ihrer kinematischen und dynamischen Wirkungskreise bietet sehr beachtenswerte Ergebnisse. Die Bewegungsvorgänge an den einzelnen Maschinen scheinen auf den ersten Blick sehr einfacher Art zu sein. Indessen zeigen sich beim näheren Eingehen besonders bei der Reibtriebpresse doch recht verwickelte Verhältnisse.

Dynamisch sind die Vorgänge bis heute noch nicht so weit geklärt, daß ein Vergleich unter den einzelnen Maschinen angestellt werden könnte. Die Klärung wird für die rechnerische Ermittlung der Fließvorgänge beim Pressen von wesentlicher Bedeutung sein. In Abb. 16a bis d sind die kinematischen Verhältnisse der vier Maschinen in Idealwerten dargestellt.

Als Vergleichsgrundlage ist eine einheitliche Geschwindigkeit beim Auftreffen auf das Preßstück und zwar mit gleichem Hub und gleicher Stauchhöhe gewählt worden. Beim frei fallenden Hammer nimmt die Geschwindigkeit dann die Form einer Parabel an, während die Beschleunigung als Erdbeschleunigung gleichbleibend ist. Bei der Reibtriebpresse sind zwei Stufen der Geschwindigkeit festzustellen und zwar die eine vom Beginn der Bewegung bis zu dem Punkte, wo der Antriebsteller von der Schwungscheibe abgehoben wird, und die andere von hier bis zum Auftreffen auf das Preß-

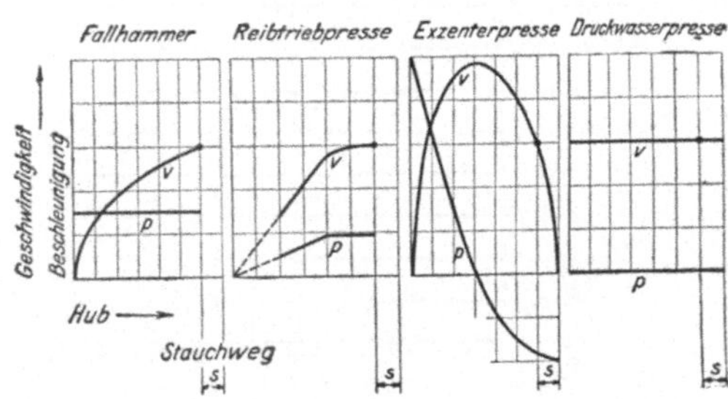

Abb. 16a bis d. Darstellung der kinematischen Verhältnisse der Maschinenarten (TWL 393).

stück. Die Geschwindigkeit verläuft gradlinig unter einem Winkel, der sich aus der Konstruktion der Maschine ergibt, bis zum Abheben des Tellers und von da in der flachen Parabel des freien Falles auf schiefer Ebene. Die Beschleunigung verläuft ähnlich wie die Geschwindigkeit, nur daß sie einen kleinern Winkel bildet, und nach dem Abheben der Tellerscheibe verläuft sie wagerecht als Beschleunigung des freien Falles auf schiefer Ebene.

Bei der Exzenterpresse sind die Bewegungsvorgänge durch der Kurbeltrieb festgelegt. Die Geschwindigkeit hat ihren Höchstwert voreilend bei einer Umdrehung im ersten Quadranten, nimmt dann im zweiten auf Null wieder ab. Die Beschleunigung hat beim Beginn der Geschwindigkeit einen Höchstwert, um beim Höchstwert der Geschwindigkeit in eine Verzögerung überzugehen, die ihre Höchstgrenze beim Hubende erreicht.

Die Kinematik der Druckwasserpresse ist an sich sehr einfach deswegen, weil die Geschwindigkeit gleich bleibt und eine Beschleunigung nicht vorhanden ist.

VII. Vorbehandlung der Preßstücke.

Metallteile, die in den genannten Maschinen in Formen gepreßt werden, wärmt man zuvor auf die für das Pressen bestgeeignete Temperatur an.

In Abb. 17 sind die günstigsten Stauchtemperaturen für Preßmetalllegierungen aufgetragen worden. Für Preßmessinglegierungen beträgt die Temperatur durchschnittlich 800°, während für Zink 220°, für Aluminium 400° und für die Leichtmetallegierungen Elektron und Silumin 250° in Frage kommen.

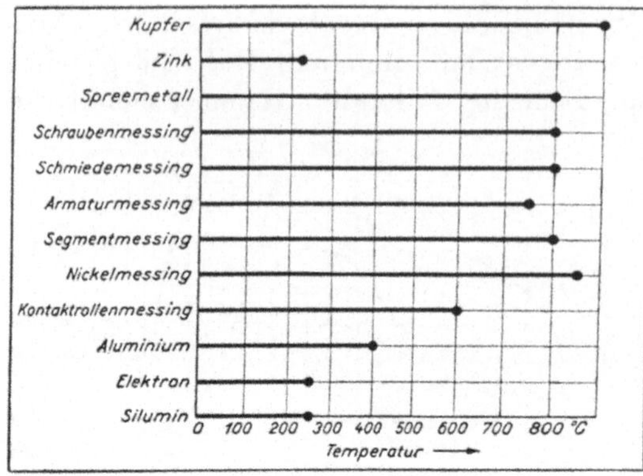

Abb. 17. Günstigste Stauchtemperaturen von
Preßmetallen und -legierungen (TWL 390).

Zum Anwärmen dienen zweckmäßig mit Gas geheizte Glühöfen. Die Öfen haben eine Muffel, in der die Metallteile durch eine offene Flamme erwärmt werden. Um die Wärme der Abgase auszunutzen, bringt man die Metallteile von oben durch eine Klappe ein und läßt sie nach hinten in die Muffel rutschen. Die Verbrennungsluft wird durch ein unter dem Ofen angebrachtes Gebläse auf Druck gebracht.

VIII. Die Grundarten des Warmpressens.

Bei dem Preßverfahren lassen sich drei Grundarten unterscheiden, die wiederum in verschiedenen Verbindungen auftreten können:

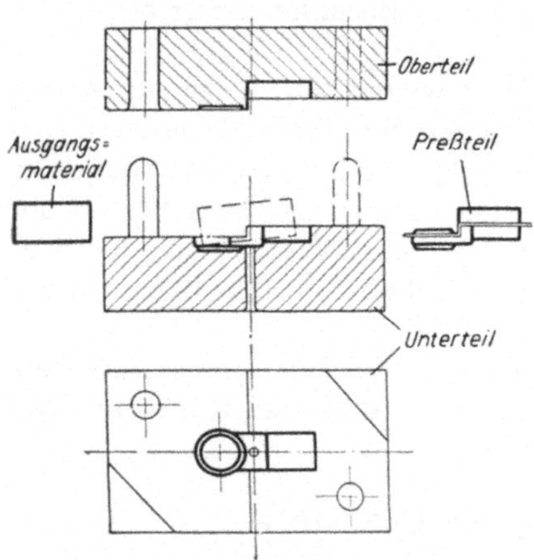

Abb. 18a bis e.   Das Schmiegeverfahren
(TWL 338).

1. Schmiegeverfahren,
2. Stauchverfahren,
3. Drückverfahren.

Das Schmiegeverfahren, Abb. 18a bis e, ist dadurch gekennzeichnet, daß das Rohmaterial sich in die Form schmiegt, ohne daß Stoffanhäufungen, die die Abmessung des Rohlings überschreiten, auftreten. Um z. B. einen Kabelschuh zu pressen, legt man das Ausgangswerkstück der Länge nach auf das Gesenk und preßt die obere Form in einem oder mehreren Arbeitsgängen in die hohlen Räume des untern Gesenkes hinein.

Beim Stauchverfahren, Abb. 19a bis h, wird das Metall an einer bestimmten Stelle angehäuft. Auch hier kann, je nach dem erforderlichen Stauchquerschnitt, das Stück in einem oder mehreren Gängen hergestellt werden. Abb. 19h zeigt eine Schieberspindel, bei der ein stärkerer Bund angestaucht worden ist.

Das dritte Verfahren für das Warmpressen, das „Drückverfahren", wird, ins Große übertragen, auch bei der Erzeugung von Stangen auf

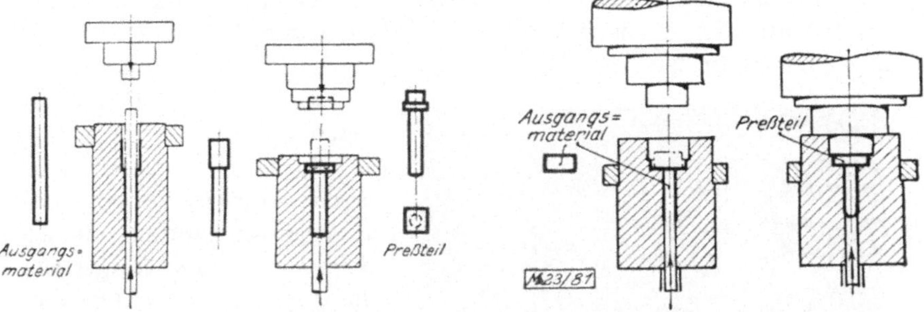

Abb. 19a bis h. Das Stauchverfahren (TWL 343),

Abb. 20a bis d. Das Drückverfahren (TWL 339).

der Dickschen Presse verwendet. Abb. 20a bis d. Es wäre unwirtschaftlich, einen ungewöhnlich großen Kopf nach dem Stauchverfahren herzustellen, da hierzu mehrere Stauchungen nötig wären. Dagegen genügt

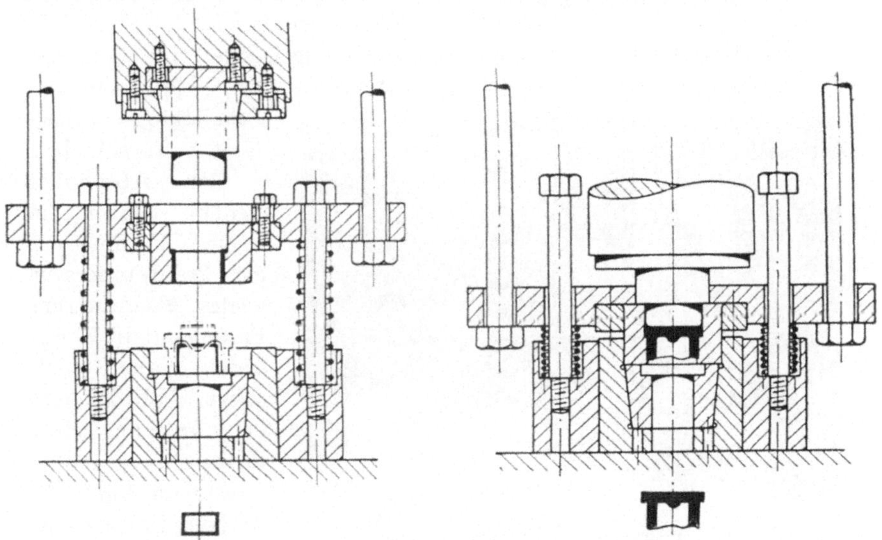

Abb. 21a bis e. Herstellen einer Kapsel (TWL 339).

beim Drückverfahren ein einziger Arbeitsgang, wobei das Metall des Preßlings beim Niedergang des Stempels durch eine Öffnung des Unterstempels hindurchgedrückt wird. Ähnlich wird beim Herstellen einer Kapsel ein zylindrischer Mantel herausgedrückt. Abb. 21a bis e. Der Gesenkraum wird durch den vom Stempel niedergehaltenen Mittelteil und den Unterteil gebildet.

8*

IX. Arbeitsgang.

Der Verlauf der Herstellung eines Preßstückes vom Rohstoff bis zum Fertigerzeugnis in einer neuzeitlichen Fabrik ist etwa folgender:

Die aus der Gießerei kommenden Barren werden in der Stangenpresserei in großen Öfen auf die Preßtemperatur erwärmt und dann einzeln nach der Druckwasserstrangpresse geschafft. Auf dieser werden unter einem Druck von 5000 bis 8000 kg/cm² Stangen von rundem oder anderem Querschnitt hergestellt, die eine Vorstufe der Preßteile bilden. Abb. 22 zeigt eine Zusammenstellung solcher auf einer Strangpresse hergestellten Stangen, die außer für Preßteile auch für mancherlei andere Zwecke verwendet werden.

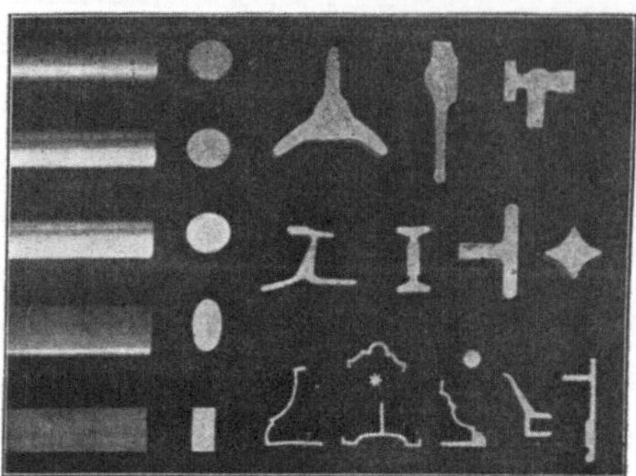

Abb. 22. Preßstangen verschiedener Querschnittsform (TWL 341).

Die Stangen werden zunächst auf selbsttätigen Sägen in Stücke zertrennt. Die Maschinen haben Klemmfutter, die die Stange jeweils um die Schnittlänge selbsttätig verschieben.

Die Abschnitte werden darauf in einem Glühofen auf die Preßtemperatur erhitzt, alsdann zum Pressen mit der Zange einzeln in das Gesenk gelegt. Abb. 23 zeigt die Ansicht einer Presserei.

Der an den Stücken beim Pressen entstehende Grat wird in der Abgraterei

Abb. 23. Presserei mit Reibtriebpressen (TWL 347).

durch Stanzen entfernt. Der Preßteil wird in eine Schnittplatte eingelegt und von einem Stempel durch die Schnittöffnung hindurchgedrückt, wobei der Grat zurückbleibt.

Von dem Erwärmen in den Glühöfen her sind die Preßteile mit einer Oxydschicht überzogen, die durch Beizen mit Salpetersäure beseitigt wird. Die Entfernung und Vernichtung der hierbei freiwerdenden

giftigen Gase hat auf den Aufbau der Beizerei starken Einfluß gehabt.
Abb. 24. Die Preßteile werden in Aluminiumkörben mit einem kleinen
Handkran in die Beiz- und Waschgefäße durch sich selbsttätig schließende

Deckel eingeführt. Die
aus den Beiz- und
Spülbottichen aufstei-
genden Gase werden in
Aluminiumhauben ab-
gefangen und durch
starke Tonventilato-
ren in Kondensations-
türme gedrückt, wo
sie an feinverteiltes,
rieselndes Wasser ge-
bunden werden. Das
angesäuerte Wasser
wird dann in einer
Grube durch Alkalien
neutralisiert. Damit

Abb. 24. Beizerei für Preßteile (TWL 350).

der Arbeiter auch gegen das Umherspritzen der Säure und Säuren-
dampf gesichert wird, ist eine mit Fenstern versehene Aluminium-
schutzwand gezogen. Der Beizvorgang kann durch die Fenster
beobachtet werden. Fußboden und Wände des Beizraumes sind mit
glasierten Steinen belegt, die bei jedem Schichtwechsel abgespült
werden.

Bevor die Teile abgeliefert werden, gehen sie noch durch eine Prüf-
stelle. Hier werden die fehlerhaften Teile ausgeschieden.

X. Die Wirtschaftlichkeit des Warmpreßverfahrens.

Die Wirtschaftlichkeit von Preßteilen gegenüber Gußstücken zeigt
die Gegenüberstellung von Kalkulationen an 7 Metallteilen (Abb. 25).
Der Vergleich bezieht sich auf:

1. Bearbeitung aus dem Vollen.
2. Das Pressen.
3. Formmaschinenguß.

Für die Bearbeitung aus dem Vollen sind nur Teile berücksichtigt
worden, die auf Revolverbänken von der Stange gearbeitet wurden
und an denen leichtere Fräsarbeiten auszuführen waren. Hier sind vier
Teile durchkalkuliert worden. Für den Vergleich mit Preßmetall kommt
nur Rotguß in Frage, während Gelbguß als minderwertig ausscheidet.
Sämtliche Formteile können aus Rotguß ohne weiteres gegossen werden,
während für Preßteile die Formen nach den bereits behandelten Kon-
struktionsbedingungen umkonstruiert worden sind.

Setzt man die Preise für Preßteile aus Messing = 100, so haben die Kalkulationen die in Zahlentafel 3 zusammengestellten Ergebnisse. Im Durchschnitt würden Sandguß um 40 vH und die aus dem Vollen bearbeiteten Teile sogar um mehr als das Dreifache teurer sein.

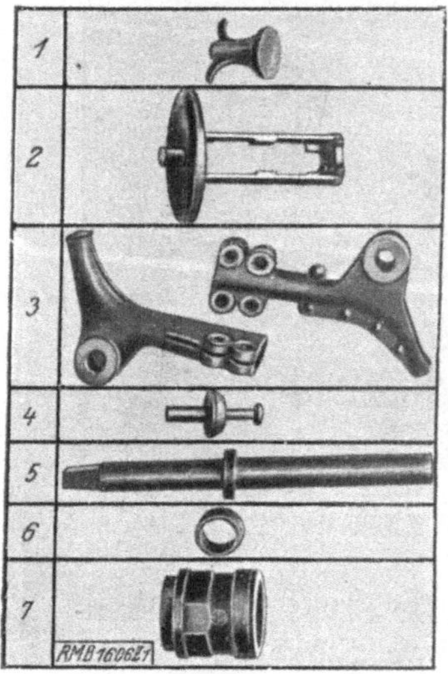

Abb. 25. Metallteile für den Kostenvergleich in Zahlentafel 3 (TWL 394).

Abb. 26.   Gegenüberstellung von Preisen für einige Metallteile.

Die in Abb. 26 aufgetragenen Durchschnittszahlen zeigen deutlich das günstige Ergebnis für Preßmessing.

Zahlentafel 3.

Kostenberechnung von Metallteilen, nach der Herstellungsart unterschieden.

Nummer	a. d. Vollen bearbeitet Messing	gepreßt Messing	Formmaschinen- guß
1	—	100	123
2	—	100	122
3	—	100	152
4	397	100	122
5	208	100	150
6	220	100	133
7	216	100	161

Die Zusammenstellung zeigt also ein günstiges Ergebnis für Preßteile. Es dürfte noch von Wert sein, etwas näher auf die Kosten des Preßverfahrens einzugehen. Sorgfältige Untersuchungen haben ergeben, daß sich die Kosten gemäß Abb. 27 wie folgt verteilen:

Löhne 33 vH, Energie 9 vH, Werkzeuge 58 vH.

Diese Zahlen lassen klar erkennen, daß der Werkzeugfrage in der Metallpresserei eine ausschlaggebende Bedeutung zuzumessen ist. Die Ur-
sachen der hohen Werkzeugkosten bestehen einmal darin, daß die
Gesenke infolge von Konstruktions- und Werkstoffehlern häufig schadhaft werden. Die bereits für die Konstruktion des Preßteils aufgestellten
Forderungen sind im Sinne der Ausnutzung der Gesenke voll zu beachten,
da z. B. infolge der starken Beanspruchung sehr leicht Kerbrisse an
Gesenken eintreten und sie früh unbrauchbar machen. Indessen kann
das Schadhaftwerden auch auf Fehler im Material zurückzuführen sein.
Die am meisten verwendeten Chromnickelstähle sind häufig sehr un-
gleichmäßig und enthalten
Lunkerstellen. Auch spielt
die Härte des Materials eine
wesentliche Rolle, da sich
bei zu geringer Härte des
Materials die Gesenke
schnell ausschlagen.

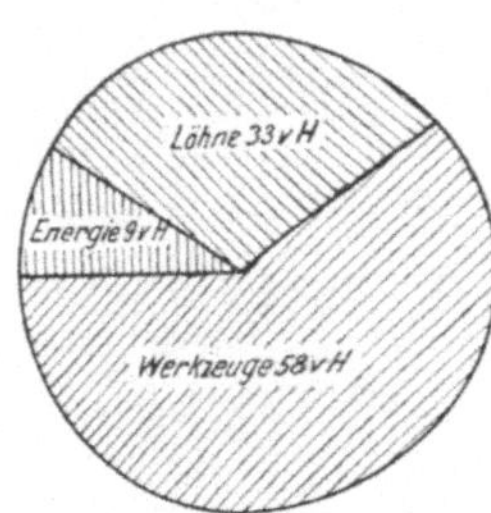

Abb. 27. Anteilige Kosten für
Preßstücke.

Abb. 28. Rißbildung infolge von Oberflächenspannungen an einem Gesenk (TWL 395).

Die normale Abnutzung der Gesenke wird durch die Oberflächenreibung beim Pressen des warmen Materials in der Form hervorgerufen.
Begünstigt wird der Verschleiß noch durch Oberflächenrisse, die an fast
allen Formen nach kurzem Gebrauch auftreten.

In Abb. 28 ist eine solche Rißbildung wiedergegeben. Diese Risse,
die die Folge von Oberflächenspannungen sind, und die sich bisher noch
nicht haben vermeiden lassen, bilden die Krebskrankheit der Gesenke.
Die zuerst feinen Haarrisse erweitern sich schnell und machen den fertigen
Preßteil unansehnlich. Eine Instandsetzung durch Verhämmern oder
Glätten der Risse bedingt eine Erweiterung der Form und damit eine
Überschreitung der Toleranz des Preßstückes.

Außerdem wird die Abnutzung der Gesenke noch durch die Überanstrengung bei übermäßigem Druck begünstigt. Hier ist die Einstell-

barkeit der Schlagstärke anzustreben, damit möglichst wenig überschüssige Energie in das Gesenk abgeführt wird. Wie schon früher ausgeführt, ist die Einstellbarkeit bei den Reibtriebpressen vom Schlupf
des Riemens an der Tellerscheibe abhängig. Dabei treten stets Schwan-
kungen der Schlagstärke auf. Auch ist es zweckmäßig, bei den Gesenken
eine möglichst große Fläche für die Druckaufnahme anzuordnen.

Da bei den zur Zeit noch am meisten in der Presserei verwendeten
Reibtriebpressen eine Einstellbarkeit des Druckes nicht möglich ist, so
muß man, um eine möglichst große Lebensdauer der Gesenke zu erreichen, das Hauptaugenmerk auf gutes Werkzeugmaterial richten.
Hier dürfte das Mittel zu suchen sein, um die Stückleistung der Gesenke
und die Genauigkeit der Preßteile zu erhöhen.

Prägen und Ziehen.

Von Direktor **M. Lebeis**.

In nachstehendem Beitrag soll eine gedrängte Übersicht über die Präge- und Ziehverfahren und anschließend noch über einige verwandte Verfahren gegeben werden, die zur „spanlosen" Formung hauptsächlich von Hohlkörpern aus verschiedenen Metallen dienen. Eine erschöpfende Darstellung dieser Verfahren würde natürlich weit über den Rahmen dieses Beitrages, selbst über den Rahmen des Buches gehen und ich habe mich daher damit begnügen müssen, die einzelnen Verfahren kurz zu erklären und Anwendungsbeispiele zu geben.

Die abgebildeten Werkzeuge sind nur schematisch dargestellt.

I. Prägen.

Das Prägeverfahren ist dem Gesenkschmieden nahe verwandt, es unterscheidet sich jedoch von diesem dadurch, daß es fast ausschließlich am kalten Material ausgeführt wird, auch handelt es sich bei ihm fast immer um eine verhältnismäßig nicht tiefe Oberflächenveränderung. Das Material wird beim Prägen zwischen zwei Formwerkzeugen gepreßt, die entweder von einander ganz unabhängige Erhöhungen und Vertiefungen aufweisen zur Verdrängung des Materials bzw. zur Aufnahme des verdrängten, oder bei denen die eine Formhälfte das Gegenbild der anderen ist. Im ersten Falle spricht man von Vollprägen (Münzen usw.), im anderen von Hohlprägen. Selbstverständlich handelt es sich bei letzterem Verfahren immer um verhältnismäßig geringe Materialstärken.

Namentlich in seiner Anwendung auf die Münztechnik ist das Prägeverfahren uralt. Abb. 1 zeigt ein altes Münzprägewerkzeug. Man sieht an ihm deutlich, daß es entstanden ist aus einem mit einer Handhabe versehenen Schlagstempel, der wohl ursprünglich zum Abstempeln von Stücken edlen Metalls, wie sie zuerst als Geld dienten, benutzt wurde. Zwei solcher Schlagstempel, durch ein Scharnier verbunden, ergeben das Prägewerkzeug, mit dem Vorder- und Rückseite gleichzeitig geprägt wird, wobei das in seitlicher Richtung verdrängte Metall herausquillt und einen unregelmäßigen Rand bildet, den man stets an ganz alten Münzen sieht. In der neueren Münzprägetechnik sind Ober- und Unterstempel durch einen Ring eingefaßt, der den Durchmesser

des vorgeschnittenen Münzstückes (der Platine) hat und der nun eine
seitliche Verdrängung des Materials verhütet, also lediglich eine Zu-

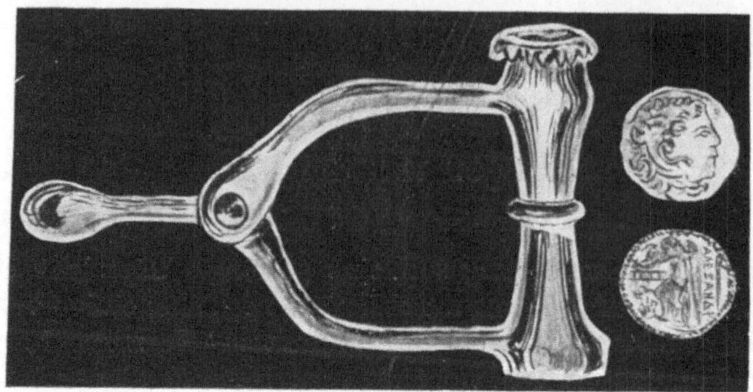

Abb. 1. Altes Prägewerkzeug.

sammenpressung in axialer Richtung zuläßt (Abb. 2). Die Stempel,
die natürlich das negative Bild der Münze haben müssen, werden in
der Weise hergestellt, daß zunächst ein erhabener Stempel, dessen
Blid also genau dem Bilde der Münze entspricht, graviert wird. Dieser

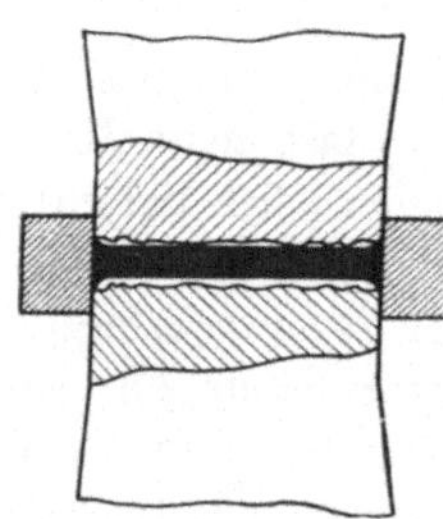

Abb. 2. Münzpräge-
stock.

Stempel wird gehärtet und nun in einer Presse in
ein Stahlstück eingepreßt, das so den negativen
Stempel ergibt. Auf diese Weise können von dem
einen Original eine größere Anzahl Arbeitsstempel
hergestellt werden, entsprechend dem durch die
Prägearbeit bedingten Verschleiß der Stempel.

Im Gegensatz zu dieser außerhalb des Münz-
wesens verhältnismäßig selten angewandten Prägetechnik steht die Art des Prägens, bei der keine
oder doch eine verhältnismäßig geringe Zusammen-
pressung des Materials in seiner Dicke, vielmehr
eine Durchbiegung desselben nach verschiedenen Richtungen stattfindet.
Hierbei bilden Oberstempel und Unterstempel entsprechend positive und
negative Formen, die am Ende des Preßvorgangs
etwa auf Blechstärke zusammengerückt sind.
Zwischen ihnen wird also das Arbeitsstück so nach
allen Richtungen gebogen, daß es die aus dem Zusammenwirken des Ober- und Unterstempels resul-
tierende Form annimmt. Es wird oft irrtümlicher-
weise angenommen, daß Ober- und Unterstempel
genau die Form der entsprechenden Seite des
Arbeitsstückes haben müßten. Das ist ein Irr-
tum. Im Gegenteil, man würde vielfach, wollte
man nach diesem Grundsatz verfahren, mangel-

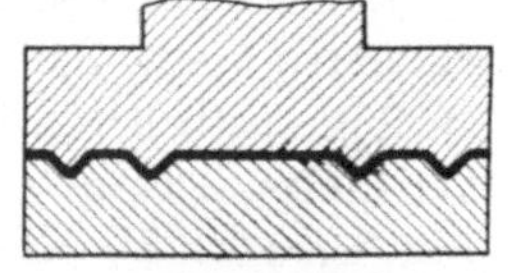

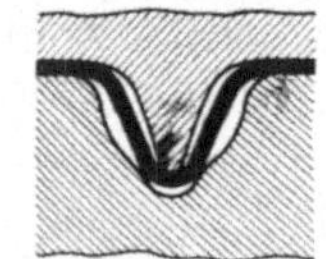

Abb. 3 u. 4. Schnitt
des Prägewerkzeugs.

hafte oder unbrauchbare Arbeitsstücke bekommen, weil sich Beschädigungen der Metalloberfläche ergeben oder das Material zerreißen würde. Dadurch, daß das Metall zwischen zwei Stempel eingespannt wird, also in einzelnen Teilen sich nicht frei verschieben kann, wozu auch mitwirkt, daß einzelne Partien durch bereits eingetretene Biegungen an der freien Bewegung gehindert sind, ist bedingt, daß an einzelnen Stellen des Materials eine ausgesprochene Ziehwirkung eintritt, d. h. daß das Material unter Verminderung seiner Dicke eine Längsausdehnung erfährt. (Abb. 3 und 4). Auf alle diese Umstände muß natürlich bei der Herstellung der Werkzeuge, zu der große Erfahrung gehört, Rücksicht genommen werden. Immerhin bleibt die Prägetechnik auf die Herstellung von Gegenständen mit verhältnismäßig geringer Tiefenausdehnung beschränkt.

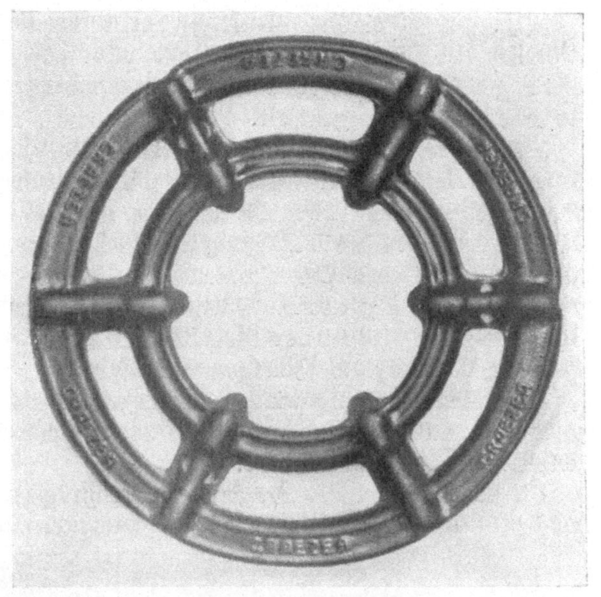

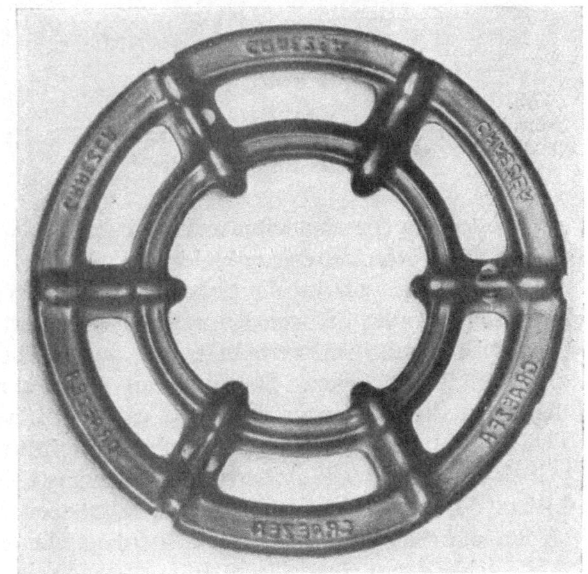

Abb. 5. Kocherring.

Abb. 5 zeigt einen im Prägeverfahren hergestellten Kocherring
(Vorder- und Rückseite). Der Gegenstand wird aus der vollen Blech-
platte geprägt und die Durchbrechungen werden nachher mittels eines
Gesamtschnittes hergestellt.

Bei der Herstellung von verzierten Metallgegenständen, insbesondere von Hohlkörpern werden die Dekorationen mittels Prägestem-
peln angebracht und zwar in der Regel so, daß ein Teilstempel in bestimmten Abständen die Prägung wiederholt, also z. B. bei einem Gegenstand mit 6 gleichen Ornamenten so, daß man 6 mal den Stempel jeweils nach Drehung des Hohlkörpers um $\frac{1}{6}$ seines Umfangs aufprägt.
Dies Verfahren wird in der Metalltechnik auch wohl mit Quadronieren
und das Werkzeug als Quadrone bezeichnet.

Als Arbeitsmaschine wird beim Prägen meistens die (Seite 97 dargestellte) und beschriebene Friktionsspindelpresse in ihren verschiedenen Abmessungen benutzt.

Die beiden Arten des Prägens, das Vollprägen und das Hohlprägen,
werden in eigenartiger Weise bei zwei modernen Maschinen angewandt:

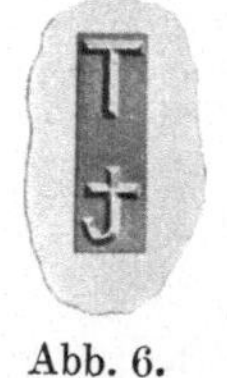

Abb. 6.
Schreib-
maschinen-
type.

Abb. 7.

Zur Herstellung der Schreibmaschinentypen und zur Herstellung der
Druckplatten von Adressiermaschinen.

Die Prägestempel für die Schreibmaschinentypen werden auf Gra-
viermaschinen nach Schablonen negativ, also vertieft graviert, dann in
einer Spindelpresse mehrere Male auf das in ein Futter eingespannte
Arbeitsstück geschlagen. Das Material steigt zum Teil in die Vertiefungen des Stempels, zum Teil wird es seitlich herausgequetscht. Der
so entstandene Rand wird mittels eines Schnittes abgetrennt (Abb. 6).

Bei den bekannten Adrema-Adressiermaschinen dienen als Druckplatten dünne Zinkblechplatten mit erhabenen Typen. Diese Typen
werden auf einer Maschine mit 2 korrespondierenden (negativen und
positiven) Prägeköpfen, die mittels einer Skala nach dem Alphabet
einstellbar sind, und bei denen nach dem jedesmaligen Prägen ein
Fortschieben der zu prägenden Platte um Buchstabenabstand stattfindet, hergestellt. Die erhabenen Typen sind also auf der Rückseite
hohl. (Die Abbildung zeigt die Rückseite.)

II. Ziehen.

Mit „Ziehen" bezeichnet man diejenigen Formgebungsverfahren, bei welchen ein Materialstück zwischen die gewünschte Form enthaltenden Werkzeugen, die es von allen Seiten umschließen und ihm so einen Zwanglauf geben, durchgezogen wird, wobei die Kraftübertragung durch das Werkstück selbst geht.

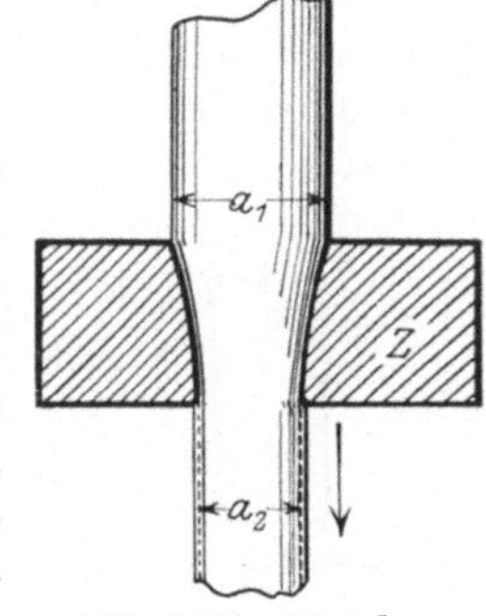

Abb. 8. Drahtziehen.

Die älteste und einfachste Anwendung des Ziehverfahrens ist wohl das Drahtziehen. Wird ein angespitzter prismatischer Körper aus duktilem Material (Abb. 8) von dem Durchmesser a, durch eine Ziehplatte Z, die ein konisches Loch a_1—a_2 hat, gezogen, etwa in der Weise, daß an dem durchgesteckten Ende eine Zange angreift, so wird in diesem „Zieheisen" das Material des Körpers in die Länge „gezogen"; es nimmt also den Durchmesser a_2 an. Hierbei erfolgt gleichzeitig eine gewisse Kompression des Materials, die von der Außenseite zum Inneren verläuft, und je nach der Art des Materials auch nach dem Verlassen der unteren Öffnung des Zieheisens eine gewisse Rückfederung nach außen, so daß also der Außendurchmesser a_2 etwas größer ist als die lichte Weite der unteren Zieheisenöffnung.

Nimmt man anstatt des vollen Körpers einen Hohlkörper, bei dem die Wandungen im Verhältnis zur lichten Weite stark sind, so spielt sich der Vorgang in ähnlicher Weise ab. Es wird unter teilweiser Kompression der Wand im wesentlichen eine Ausdehnung in der Länge stattfinden. Ist jedoch die Wandung verhältnismäßig dünn, immerhin aber noch so stark, daß sie die durch die Zange ausgeübte Zugkraft aufnehmen kann, ohne zu zerreißen, so wird nicht mehr eine Verschiebung in der Länge stattfinden, sondern ein Zusammendrücken der Wandung zu Falten. Das kann man dadurch verhüten, daß man in den Hohlkörper einen Dorn einführt (Abb. 9), dessen Durchmesser um die doppelte zu erzielende Wandstärke geringer ist als die untere Öffnung des Zieheisens.

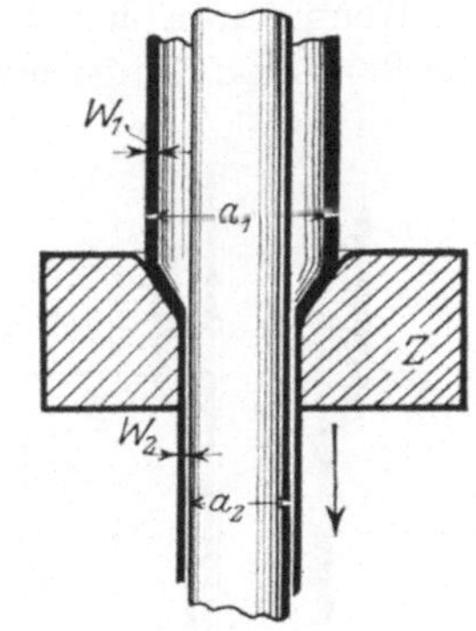

Abb. 9. Rohrziehen.

Beim Ziehen werden Werkstück und Dorn gleichzeitig von der Zange erfaßt. Dem Material bleibt nur Raum für die Verschiebung in der Längsrichtung, es wird also von dem Durchmesser a_1 auf den Durchmesser a_2 gebracht, wobei gleichzeitig seine Länge zunimmt. Nach diesem Verfahren werden hauptsächlich die Messingrohre, ferner die sogenannten nahtlos gezogenen Stahlrohre hergestellt bzw. „weitergezogen".

Die Ausgangsform des Rohres ist die Hülse. Eine Blechplatte von verhältnismäßig starkem Querschnitt (Abb. 10) wird mittels eines Stempels durch eine Matrize gepreßt, wobei der Boden seine ursprüngliche Stärke behält, das übrige Material jedoch in eine Hutform gebracht und in der Längsausdehnung gestreckt wird unter Verminderung der Blechstärke. Das so entstandene Hütchen wird nun (Abb. 11) weiter durch Matrizen von engerem Querschnitt auf geringere Durchmesser und größere Längen gebracht. Die Werkzeuge hierzu sind einfach. Sie entsprechen dem schon oben erwähnten Zieheisen. Das Zieheisen erhält bei den „Weiterzügen"

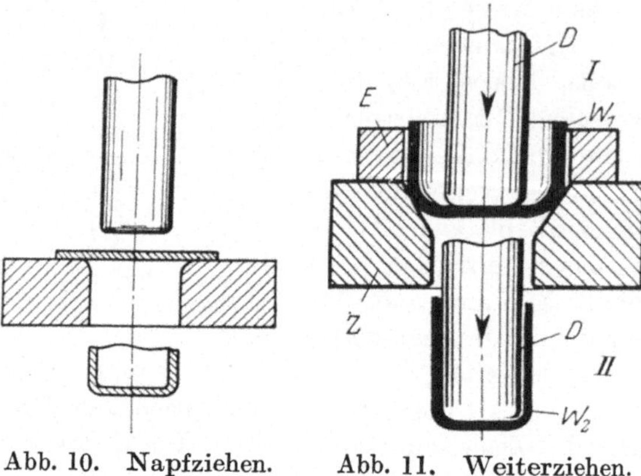

Abb. 10. Napfziehen.   Abb. 11. Weiterziehen.

einen Führungsring, der dafür sorgt, daß das Hütchen zentrisch zum Loch aufgesetzt wird.

Wenn man den Vorgang genauer betrachtet, so sieht man, daß die Rolle der Zange beim Ziehen nunmehr von dem Dorn übernommen wird. Der Dorn drückt auf den Boden der Hülse, und von dieser geht dann die Zugwirkung auf das übrige Material aus. Daraus ergibt sich, daß man mit diesem Verfahren über ein gewisses Verhältnis zwischen Wandstärke und Länge der Arbeitsstücke nicht hinauskommt, weil dann eben die Zugbeanspruchung des Materials zu groß wird und ein Reißen der Körper eintritt. Ist diese Grenze erreicht, so wird die weitere Längenausdehnung durch den oben beschriebenen Zangenziehprozeß fortgeführt. Es ergibt sich ferner, daß der Boden ein geringes, durch die Streckung bedingtes Maß von

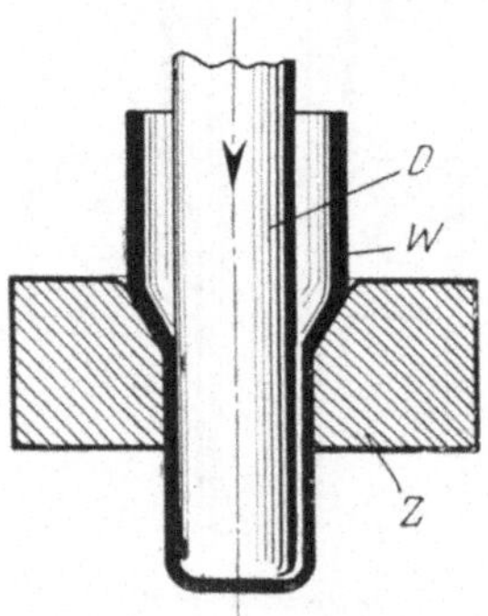

Abb. 12. Absatzziehen.

der ursprünglichen Blechstärke verliert, während die Stärke der Wandungen abhängig ist von dem Unterschiede zwischen dem Durchmesser der Matrize und des Stempels.

Ebenso wie glatte Hülsen kann man auch abgesetzte Körper (Abb. 12) herstellen einfach durch Unterbrechen des Ziehprozesses, wobei es nicht unbedingt nötig ist, daß der Dorn die entsprechend abgesetzte Form hat.

Die Vorgänge, die sich beim Ziehen im Innern des Materials abspielen, sind nicht ohne weiteres verständlich und auch noch nicht restlos aufgeklärt. Das Material „fließt", d. h. es verschieben sich die Materialteilchen bei dem beim Ziehen auftretenden hohen Druck frei gegeneinander, so etwa wie beim Kneten des Wachses die einzelnen Wachsteilchen sich, ohne den Zusammenhang zu verlieren, frei verschieben oder wie die Tonteile beim Formen von Gefäßen auf der Töpferscheibe. Zeichnet man auf einer Blechronde, die zu einem Hohlgefäß gezogen werden soll, konzentrische Kreise und Radien oder auf einem Zuschnitt für einen vierseitigen Körper Koordinaten auf, so kann man am fertigen Teil aus der Gestalt, die diese angenommen haben, sehr klar die stattgefundene Material-Verschiebung erkennen (siehe Abb. 39).

Bei den vorhergehenden Ausführungen wurde im wesentlichen davon ausgegangen, daß das Anfangswerkstück eine Platte von verhältnismäßig geringem Durchmesser und erheblicher Wandstärke ist. Infolgedessen erfolgt eine Verschiebung des Materials nicht nur in der Längsrichtung, sondern auch innerhalb der Dicke. Nimmt man aber ein Material von verhältnismäßig geringer Stärke, so wird man in der bisherigen Weise nicht zum Ziel kommen, weil jetzt das Material sich nicht in der Längsausdehnung verschiebt, sondern sich seitlich zusammenschiebt, Falten bildet. Die Gründe hierfür werden bei Betrachtung der Abb. 13 sofort klar. Das Material einer Platte vom Durchmesser d_1 soll zu einem Hohlkörper vom Durchmesser d_2 umgeformt werden. Das bedingt also, daß alle in den verschiedenen Zwischendurchmessern zwischen d_1 und d_2 liegenden Materialteile auf den Durchmesser d_1 verschoben werden. Zur Bildung der einzelnen Ringe des Zylindermantels sind jeweils die zwischen den konzentrischen Kreisen liegenden Materialmengen erforderlich. Den einzelnen Streifen $G_1 \div G_5$ des Zylinders in Abb. 13 entsprechen die Kreisringe von $A_1 \div A_5$ auf der Platte.

Betrachtet man ferner den herzustellenden Hohlkörper als vielseitiges Prisma, so sieht man, daß zur Bildung eines Körpers vom Durchmesser d_1 und Höhe h $(= d_2 - d_1)$ nur die in Abb. 14 schraffiert gezeichneten, nach oben umgeklappt zu denkenden Streifen erforderlich, während die dazwischen stehenden weißen Dreiecke überflüssig sind. Sie werden beim Ziehprozeß in die Längsrichtung verschoben und ergeben eine entsprechend größere Längenausdehnung des Körpers. Die Verschiebung der Materialteilchen der Länge nach ist um so größer, je größer das Verhältnis zwischen dem Ausgangs- und dem Enddurchmesser ist. Wollte man nun nach dem vorher geschilderten Verfahren arbeiten, so würden die Teilchen nicht ohne weiteres in der Länge verschoben werden, sondern nach oben und unten ausweichen, also Falten bilden.

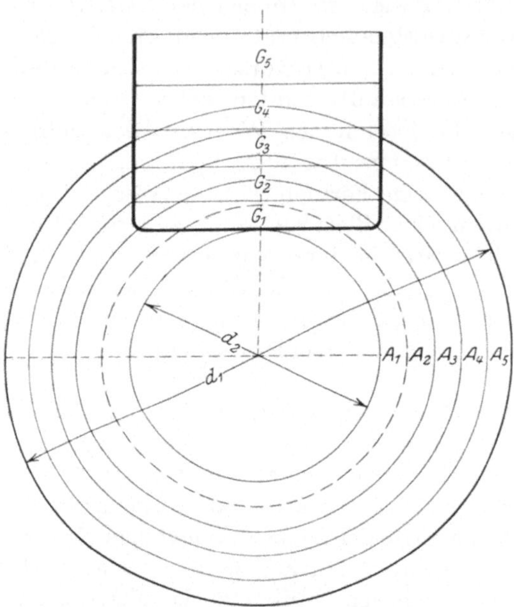

Abb. 13. Materialverschiebung 1.

Diesen Vorgang kann man sich ohne weiteres vorführen, wenn man versucht, eine Papierscheibe mittels des Fingers durch eine runde Öffnung zu drücken.

Die seitliche Verschiebung wird nun durch den sogenannten Faltenhalter verhindert. Die zu ziehende Blechplatte wird zwischen der Matrize und einer Platte oder einem Ring eingespannt, der mit solchem Druck auf die Blechplatte wirkt, daß eine Verschiebung der Materialteile nach oben nicht mehr eintreten kann. Der Faltenhalter kann dabei entweder durch eine Feder von entsprechendem Druck auf das Blech gepreßt werden oder aber durch eine zwangsläufig arbeitende Einrichtung während des Ziehvorgangs in solchem Abstande von der Matrize gehalten werden, daß gerade die Blechstärke hindurchgleiten kann.

Eine ganz primitive Form der Blechhaltung bei solchen Maschinen, die einen besonderen Blechhalter nicht haben (einfache Exzenterpressen oder Spindelpressen) kann auch in der Weise erfolgen, daß das Blech auf der Matrize durch einen aufgespannten Ring mittels Schrauben festgehalten wird. Bei solchen Arbeitsstücken, von denen nur geringe Mengen gebraucht werden und wozu entsprechende Maschinen und Werkzeuge nicht zur

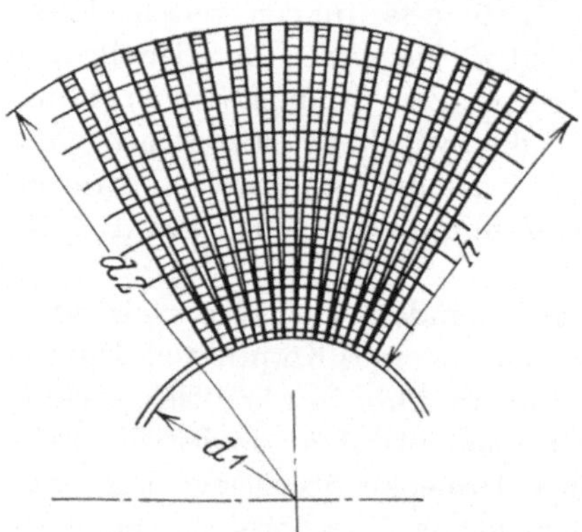

Abb. 14. Materialverschiebung 2.

Verfügung stehen, mag dies hin und wieder als Aushilfsmittel angebracht sein.

Mittels des Ziehverfahrens[1]) können Hohlkörper in fast jedem beliebigen Verhältnis des Querschnitts zur Höhe hergestellt werden.

Bei der Herstellung der Körper muß jedoch, wie beim Rohrziehverfahren gezeigt, schrittweise vorgegangen werden, entsprechend der Form der Körper und mit Rücksicht auf die Beanspruchung des Materials. Der Ziehvorgang wird in eine Reihe von Einzeloperationen unterteilt, beginnend mit der ersten Umformung der Platte zur flachen Schale (Anschlag), die dann in weiteren Gängen (Weiterschlägen) entsprechend vertieft und umgeformt wird.

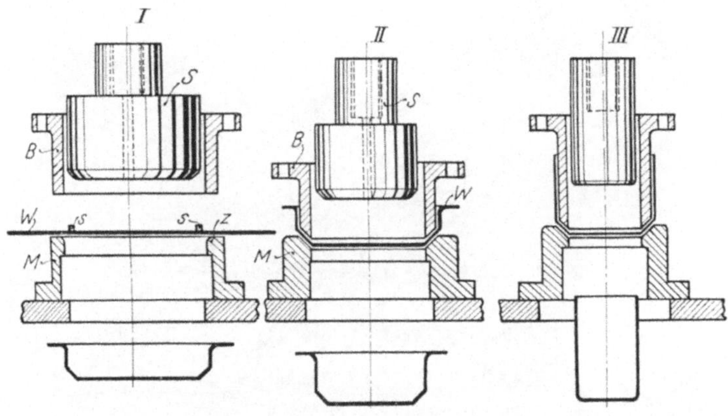

Abb. 15. Ziehwerkzeuge I—III.

Ein Satz solcher Werkzeuge ist in Abb. 15 dargestellt, I ist der sogenannte Anschlag. Die Platte W wird auf die Matrize M aufgelegt und hier durch zwei Anschlagstifte s zentriert. Der Blechhalter B hält die Platte fest. Der Stempel S preßt sie durch die Matrize, wobei an deren abgerundeter Kante z das Material gleitet. Der Ziehstempel S wird entsprechend der beabsichtigten Tiefe des Anschlages abwärts geführt. Dann gehen Stempel und Blechhalter zurück und das Arbeitsstück wird durch den mit dem Ziehstempel gehenden Auswerfer nach oben abgehoben.

Beim Weiterschlag II hat der Blechhalter entsprechend der Form des Arbeitsstückes eine etwas andere — abgeschrägte — Form. Das

---

[1]) Das Ziehen, soweit es der Herstellung von Hohlkörpern aus Blech dient, wird auch wohl mit „Stanzen" bezeichnet (Tief„stanz"blech statt Tiefziehblech), doch dürfte diese Bezeichnung nicht richtig sein, weil mit „Stanzen" sonst überall in der Technik ein Ausschneiden mittels Schnittwerkzeugen, mit „Stanze" das entsprechende Werkzeug bezeichnet wird.

Ergebnis ist jetzt ein etwas tieferer und engerer Körper. So werden
die Arbeitsstücke in verschiedenen Arbeitsgängen nach und nach
ständig im Durchmesser verengt und in der Länge gestreckt.

Abb. III zeigt den letzten Arbeitsgang. Da nunmehr sämtliches
Material in der Länge verschoben und das Endergebnis ein zylindrischer
Körper ist, so kann dieser beim Rückgang des Ziehstempels abgestreift
werden und nach unten durch das Werkzeug durchfallen.

Aus den Arbeitsbedingungen des Werkzeuges ergeben sich die an
die Maschine zu stellenden Forderungen. Sie muß zunächst mittels des
Blechhalters das Blech festhalten, dann den Ziehstempel auf eine be-

Abb. 16. Stoßwerk.

stimmte Tiefe abwärts bewegen, ihn dann sofort wieder aufwärts bewegen und schließlich den Blechhalter wieder hochheben. Beide Bewegungen — des Blechhalters wie des Ziehstempels — müssen unabhängig voneinander einstellbar sein.

Wie schon erwähnt, kann der Blechhalter entweder durch Feder-
kraft aufgepreßt oder zwangsläufig bewegt werden. Die Maschine,
bei welcher vorzugsweise die Federpressung des Blechhalters benutzt
wird, ist das hauptsächlich in der Berliner Metallindustrie gebräuchliche
sogenannte Stoßwerk (Abb. 16). In der Regel wird hier die eigentliche
Matrize auf dem beweglichen Teil festgespannt, der durch ein Kurbel-
oder Exzentergetriebe auf einer horizontalen oder etwas geneigten
Bahn hin- und herbewegt wird. Dagegen ist der Ziehstempel am
Körper der Maschine festgespannt, der Blechhalter auf dem Ziehstempel

verschiebbar gelagert und mittels am Fuß der Maschine angebrachter, unter Vermittlung von Hebeln auf den Blechhalter wirkender, regulierbarer starker Federn gegen einen Anschlag gehalten. Wird also die Blechplatte auf entsprechende Aufnahmestifte vor den Blechhalter gelegt, so wird sie von der herankommenden Matrize gegen den Blechhalter

Abb. 17. Räderziehpresse.

gepreßt und, da dieser unter der Wirkung seiner Federn ausweicht, über den Ziehstempel geschoben. Entsprechend der zunehmenden Spannung der Federn nimmt der Druck zwischen Blechhalter und Matrize mit wachsender Tiefe ständig zu. Es ist klar, daß dieses für den Ziehvorgang nicht günstig ist und dementsprechend die Grenze der Tiefenausdehnung des Werkstückes bald erreicht wird. Die Bedienung des Stoßwerkes erfolgt in der Regel bei laufender Maschine; d. h. während sich das Ziehwerkzeug öffnet, muß das fertige Werkstück weggenommen und rechtzeitig, bevor der Stößel wieder herankommt, ein neues eingelegt werden. Nur bei besonders schwierigen Werkstücken erfolgt zwischen jedem Arbeitsgang ein Ausrücken und Wiedereinrücken der Maschine.

Abb. 18.   Kurbelziehpresse.

Für verhältnismäßig flache Werkstücke und bei der Herstellung nicht zu großer Mengen ist das Stoßwerk eine praktische und bequeme Maschine, die auch noch den Vorzug hat, daß die für sie benutzten Werkzeuge verhältnismäßig billig werden.

Für Werkstücke größerer Tiefe und größeren Durchmessers wird die Ziehpresse verwendet, bei der der Blechhalter zwangsläufig und unabhängig von dem den Ziehstempel tragenden Stößel bewegt wird. Die Ziehpresse wird in zwei grundsätzlich verschiedenen Hauptkonstruktionen ausgeführt. Bei der einen (Abb. 17) wird der Tisch, auf

dem die Matrize aufgespannt ist, mittels eines Kurvengetriebes auf-
und abbewegt. Der Tisch ist im Rahmen der Maschine vertikal geführt,
der Blechhalter steht fest und ist mittels 4 Spindeln, die in am Rahmen
befestigten Muttern gehen, in der Höhe einstellbar. Der Stößel ist
mittels einer starken Schraubenspindel, die seine Höhenverstellung
gestattet, an einem Kreuzkopf befestigt, der durch 2 seitlich ange-
brachte Pleuelstangen und ein Kurbelgetriebe bewegt wird. Das Werkstück wird, wenn sich der Matrizentisch in der tiefsten Stellung befindet, auf die Matrize aufgelegt, dann nach aufwärts bewegt, bis es
den im Blechhalterring eingespannten Blechhalter berührt. Dann bleibt
infolge der Form der Kurven der Matrizenträger in dieser Stellung,
während sich nunmehr der Stößel abwärts bewegt und den Ziehstempel
in die Matrize hineinführt. Der Ziehstempel ist so eingestellt, daß bei
Erreichung des unteren Totpunktes des Kurbelgetriebes die gewünschte
Tiefe des Werkstückes erreicht ist. Dann bewegt sich der Stößel mit
dem Ziehstempel wieder aufwärts und gleichzeitig der Matrizentisch
mit der Matrize abwärts.

Bei einer anderen Konstruktion der Ziehpresse (Abb. 18) ist die
Matrize auf einem im Rahmen der Maschine mittels einer Spindel ein-
stellbaren Tisch fest gelagert. Der Stößel wird durch eine oben in der
Maschine gelagerte Kurbelwelle mittels Pleuelstangen bewegt, der
Blechhalter mittels 4 Kniehebeln, die ihren Antrieb von seitlich der
Kurbelwelle gelagerten Hilfswellen erhalten, die mittels Lenkern von
der Kurbelwelle gesteuert werden. Das Werkstück wird auf die Matrize
aufgelegt; darauf bewegt sich zuerst der Blechhalter, dann der Stößel
abwärts. Beim Rückweg tritt zuerst der Stößel aus dem Werkstück
heraus und schließlich geht der Blechhalter aufwärts.

Bei der in Abb. 19 dargestellten Ziehpresse sind beide Konstruk-
tionsprinzipien vereinigt. Tisch- und Stößelbewegung entsprechen der
in Abb. 17, der Antrieb des Blechhalters der in Abb. 18 gezeigten Konstruktion.

Wie schon erwähnt, muß die Umwandlung einer Platte oder eines
flachen Arbeitsstückes in ein tieferes in mehreren Arbeitsgängen erfolgen, es muß also entsprechend oft das Werkstück von neuem die
Maschine passieren. Es liegt daher nahe, zu versuchen, ob nicht bei
demselben Maschinendurchgang mehrere Arbeitsoperationen hinter-
einander durchgeführt werden können; soweit dies mit Rücksicht auf
die zunehmende Härte des Materials und die dadurch bedingte Notwendigkeit des Ausglühens möglich ist.

Eine verhältnismäßig einfache Maßnahme ist zunächst die, sich das
vorherige Zuschneiden der runden Platten zu ersparen, die den Aus-
gangszustand für den ersten Arbeitsgang darstellen. Das geschieht
in der Weise, daß der Blechhalter gleichzeitig als Schnittwerkzeug zum

Ausschneiden der Scheibe (der „Ronde") ausgebildet wird. Der Blechhalter schneidet also die Ronde aus und hält sie auf dem Ziehring fest, bis sie vom Stößel durchgezogen wird. Das Werkstück fällt nach unten durch, während das Ausschnittmaterial oben weggenommen bzw. weitergeschoben wird. Nach diesem Grundsatz können nun die verschiedenartigsten Werkzeuge, namentlich für solche Teile, die in großen Mengen gebraucht werden, hergestellt werden.

Abb. 19. Ziehpresse.

Abb. 20 zeigt ein solches „kombiniertes" Werkzeug, bei welchem die Rollen des Ziehstempels, des Blechhalters und der Matrize vertauscht sind.

Der federnde Blechhalter braucht keinen eigenen Antrieb, es kann also auf einer einfachwirkenden Presse verwendet werden. Die Matrize M sitzt am Stößel, sie ist als Schnittstempel ausgebildet, der in eine Schnittplatte S eintritt, die auf ein den Blechhalter B und den Ziehstempel Z umschließendes Gehäuse G aufgeschraubt ist. Auf den

Blechhalter wirkt die Gegendruckfeder F. Durch den Auswerfer A werden die Teile ausgestoßen. Die Matrize schneidet mit ihrer Außen-

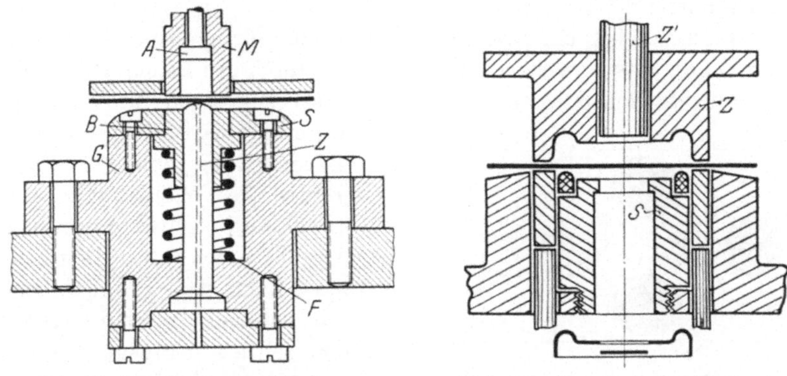

Abb. 20. Kombiniertes Werkzeug. Abb. 21. Kombiniertes Werkzeug.

kante aus dem Material eine runde Platte aus und bewegt diese entgegen dem Drucke der Feder abwärts. Ihre innere Aushöhlung stülpt die Platte über den Ziehdorn und bildet so einen Hut. Bei der Wiederaufwärtsbewegung des Stößels wird der Hut durch den Blechhalter vom Dorn abgestreift, so daß der Hut in der Innenaushöhlung der Matrize haften bleibt. Aus dieser wird er durch den Auswerfer A, der an einen Anschlag an der Maschine stößt, ausgeworfen. Ein Abstreifer C hält die Ausschnittplatte zurück.

Ein ähnliches Werkzeug, jedoch für Werkstücke von größeren Abmessungen zeigt, Abb. 21. Hier erfolgt das Ausschneiden der Ronde

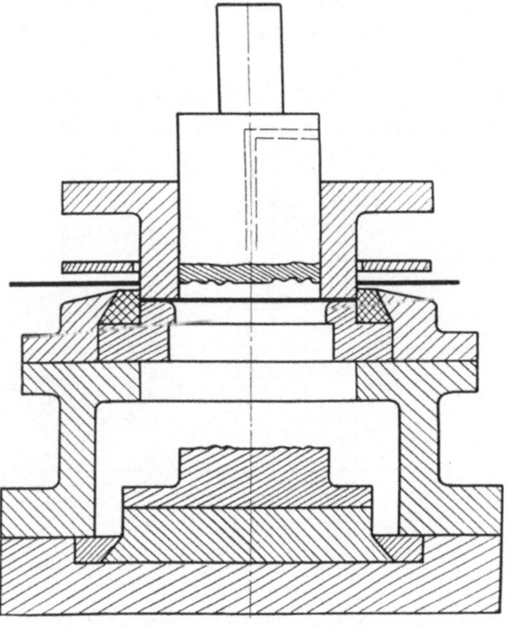

Abb. 22. Kombiniertes Werkzeug.

durch einen Ziehstempel Z, dessen innere Aushöhlung als Formstempel für das Werkstück dient. Innerhalb des Ziehstempels ist noch ein Schnittstempel Z' angeordnet, der im Zusammenwirken mit einer in der Matrize angeordneten Schnittplatte S in das gezogene Werkstück noch ein Loch einstanzt.

Abb. 22 zeigt ein Werkzeug, ebenfalls für größere Werkstücke, bei welchen das Ausschneiden der Ronde durch den Blechhalter erfolgt, dann durch den Ziehstempel das Werkstück gezogen und auf einem unterhalb der Matrize gelagerten Formwerkzeug eine Form in den Boden des Werkstücks eingeprägt wird. Durch eine seitliche Durchbrechung des Matrizenträgers kann das Prägewerkzeug, das auf einer Führung gelagert ist, seitlich herausgezogen und das fertige Werkstück entfernt werden.

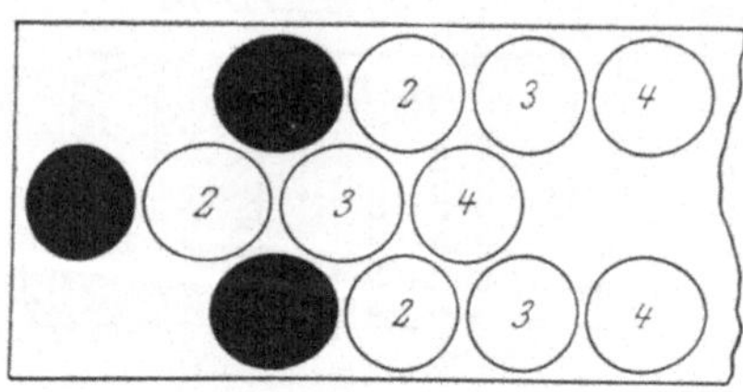

Abb. 23. Materialausschnitt.

Die Leistungsfähigkeit der Werkzeuge und gleichzeitig der Maschinen kann man dadurch wesentlich erhöhen, daß man die Werkzeuge vervielfacht, also in einem Werkzeug mehrere Einzelwerkzeuge vereinigt, die nun bei einem Hube der Maschine mehrere gleiche Teile herstellen. Entsprechend kann man auch das kombinierte Werkzeug mehrfach ausbilden, so daß also mehrere Teile gleichzeitig ausgeschnitten und gezogen werden. Um den für die einzelnen Werkzeuge erforder-

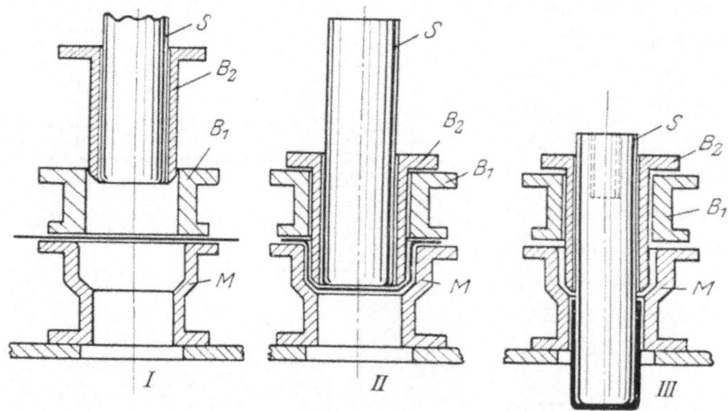

Abb. 24. Dreifachwerkzeug.

lichen Raum zu gewinnen, verfährt man dann so, wie in Abb. 23 gezeigt ist, d. h. man rückt die Werkzeuge so weit als notwendig auseinander, arbeitet aber mit einem entsprechend geringeren Materialvorschub, so daß die einzelnen Ausschnittstellen ineinandergreifen.

Die vorstehend beschriebenen Werkzeuge sind für die normalen

Maschinen eingerichtet. Es sind jedoch auch Maschinen konstruiert worden, die eine weitere Kombination der Werkzeuge zulassen, indem außer den oben beschriebenen zwei Bewegungen der Ziehpresse noch eine dritte angeordnet ist. Ein entsprechendes Werkzeug in drei Arbeitsstellungen zeigt Abb. 24. Der eigentliche Ziehstempel besteht hier aus zwei teleskopisch ineinander geschobenen Teilen, S und B_2 die sich aus Stellung I in Stellung II zunächst gemeinsam bewegen und so mit Hilfe des Blechhalters B_1 den 1. Arbeitsgang bilden, der das Oberteil der Matrize M aus-

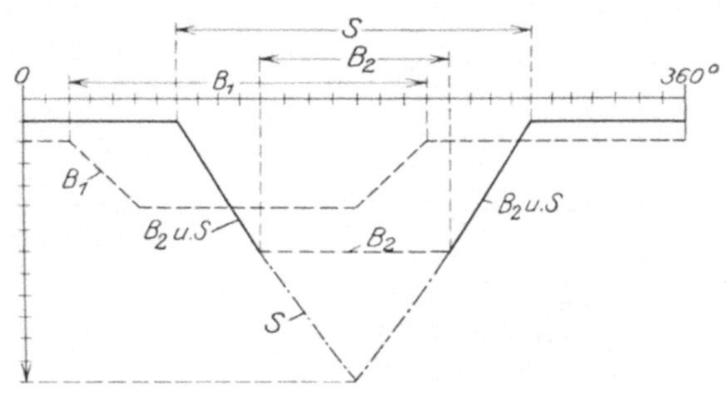

Abb. 25. Bewegungsdiagramm.

füllt. Dann bewegt sich der innere Ziehstempel S weiter, während der äußere Teil B_2 als Blechhalter dient, der das vorher gezogene Teil an dem mittleren Halse der Matrize festhäl, während der Stempel S in seine Endstellung (III) geht und das fertige (zylindrische) Teil auswirft. Dementsprechend hat die Presse drei Bewegungen, nämlich 1. für den Blechhalter, 2. für den äußeren Ziehstempel (zweiten Blechhalter) und 3. für den inneren Ziehstempel S. Die Bewegungen sind aus dem Diagramm Abb. 25 ersichtlich.

Bei den bisher beschriebenen Arbeitsverfahren war im wesentlichen davon ausgegangen, daß die Weiterbearbeitung immer in der gleichen Zugrichtung erfolgt. Dies ist jedoch nicht unbedingt nötig. In vielen Fällen ergibt sich vielmehr eine vorteilhaftere Bearbeitung dadurch, daß die Zugrichtung umgekehrt wird, und man hat dann den Arbeitsvorgang des Umstülpens.

Abb. 26 zeigt ein hierzu dienendes Werkzeug, Abb. 27 die einzelnen Stufen eines nach diesem Verfahren hergestellten Werkstückes.

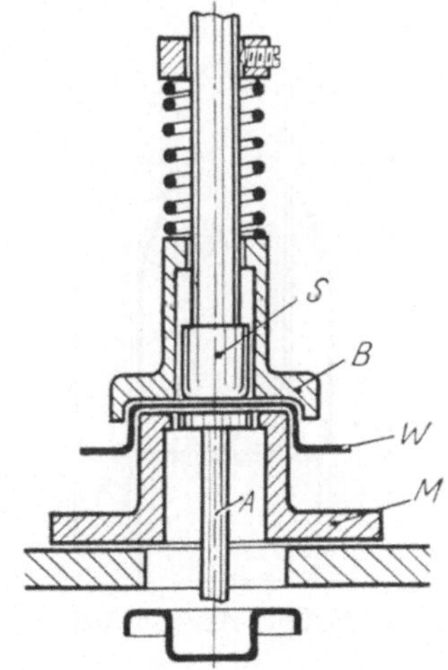

Abb. 26. Umstülpwerkzeug.

Ein weiteres interessantes Beispiel zeigt Abb. 28, besonders bemerkenswert ist der starke Hals, der die ursprüngliche Materialstärke zeigt, die sonst überall auf eine sehr geringe Stärke ausgezogen ist.

In Abb. 29 ist das sogenannte Anstauchen dargestellt, wie es beispielsweise bei Herstellung von Gewehrpatronen und Kartuschen an-

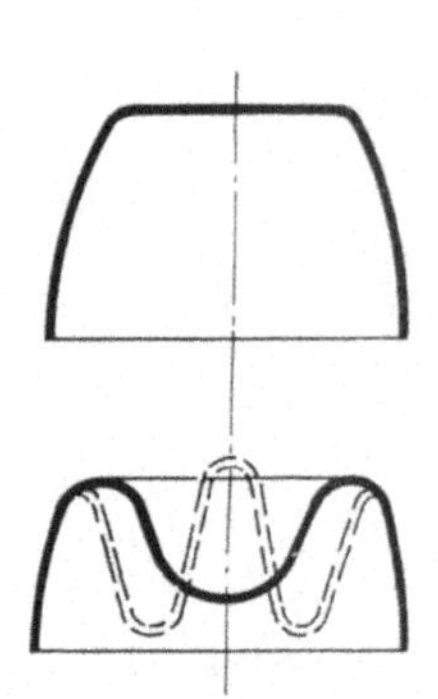

Abb. 27. Umstülpwerkstück.

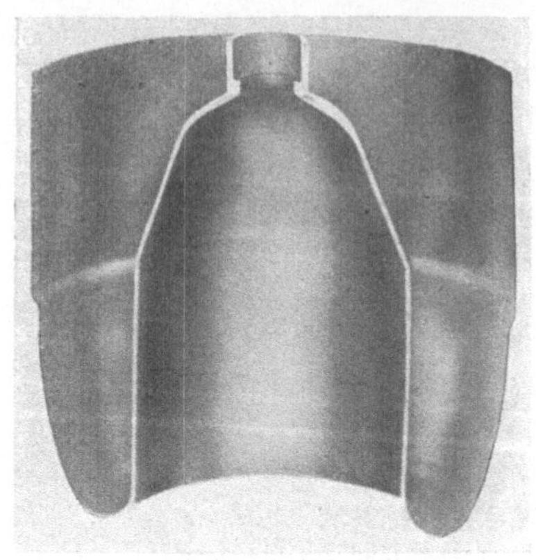

Abb. 28. Umstülpwerkstück.

gewendet wird und Abb. 30 zeigt ein Werkzeug, mittels welchem an
eine Kappe ein seitlicher Rand angedrückt und auf der Oberfläche
noch eine Prägung angebracht wird.

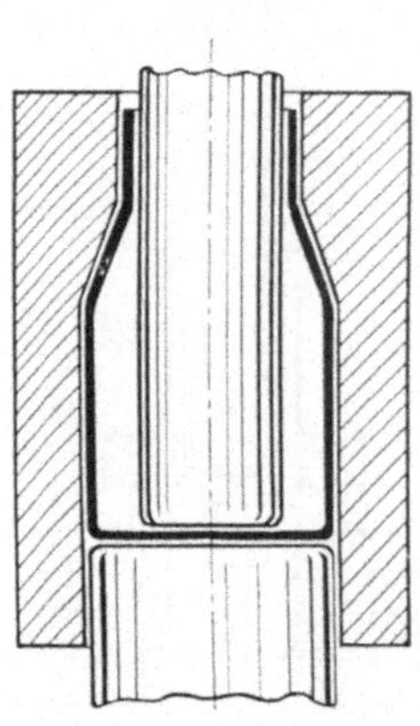

Abb. 29. Anstauchen.

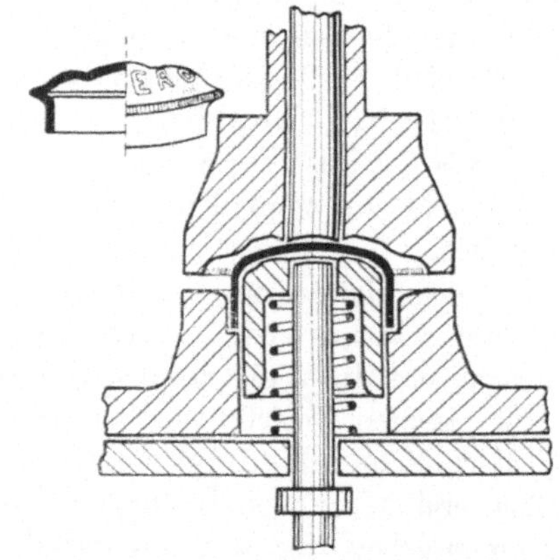

Abb. 30. Kombiniertes Werkzeug.

Schließlich zeigt Abb. 31 die Verbindung zweier Teile durch ein
Börtelwerkzeug.

Wie oben dargelegt, kann die Vervollkommnung der Fabrikation
einerseits in der Ausbildung der Werkzeuge für normale Maschinen
gesucht werden, andererseits aber bei noch weitergehender Spezialisierung und bei entsprechender Massenherstellung vor allem auch in

der Ausbildung von Spezialmaschinen, ein Weg, der schließlich dahin führen muß, daß bei entsprechender Ausnutzungsmöglichkeit für bestimmte Artikel besondere Spezialmaschinen konstruiert werden. Das ist insbesondere der Fall bei Herstellung von Patronen, von Lampensockeln, Fassungen und ähnlichen in großen Massen gebrauchten Teilen.

In Nachstehendem soll noch eine Anzahl von Spezialmaschinen kurz beschrieben werden.

Die Bedienung der normalen Presse zur Herstellung von kleinen Hohlkörpern kann dadurch beschleunigt werden, daß das Einlegen des Materials nicht mehr von Hand sondern maschinell erfolgt, indem das bandförmige Material durch Walzenvorschub der Presse zugeführt wird, wobei der Vorschub

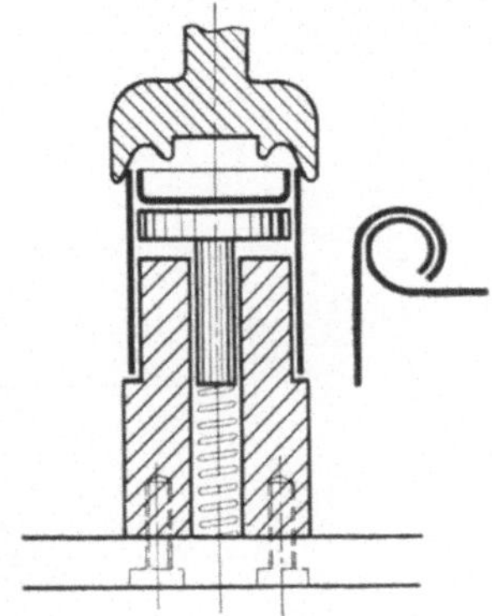

Abb. 31. Börtelstanze.

natürlich so verstellbar sein muß, daß er genau die für die Herstellung des Teiles erforderliche Materialbreite vorschiebt (Abb. 32). Gleichzeitig kann dabei noch statt mit einfachem, mit Mehrfachwerkzeug gearbeitet werden. Die Weiterverarbeitung dieser Teile kann dann auf der Revolverziehpresse erfolgen, bei der die einzelnen Hütchen oder Hülsen entweder mittels Hand oder mittels mechanischer Einlegevorrichtungen einem Revolverteller zugeführt werden, der sie in den Bereich des Werkzeuges transportiert und evtl. wenn sie nicht unmittelbar nach unten durchgestoßen werden, auch weiter bis zur Auswurfstelle transportiert.

Eine einfache Revolverziehpresse zeigt Abb. 33, eine Mehrstößelpresse mit Revolvertisch Abb. 34.

Abb. 35 zeigt eine Presse, bei welcher die Werkzeuge für verschiedene Arbeitsstufen nebeneinander angeordnet sind, und wobei automatisch von der Presse die Arbeitsstücke jeweils zum nächsten Werkzeug verschoben werden, so daß also beispielsweise links in die Maschine das dargestellte flache Arbeitsstück in einen Revolvertisch eingelegt wird, das dann rechts nach vierfacher Weiterbehandlung die Maschine verläßt.

Wenn es sich um ganz starkes Material handelt, ist auch die Warmverarbeitung der Arbeitsstücke von großem Vorteil, und es ist eigentlich verwunderlich, daß davon in verhältnismäßig so wenig Fällen Gebrauch gemacht wird. Es ist nicht schwierig, mit der Ziehpresse einen entsprechenden Anwärmeofen mechanisch so zu verbinden, daß die Teile bei jedem Hub der Presse automatisch aus dem Ofen entnommen und der Presse zugeführt werden. Bei runden Teilen ist dies sogar leicht in der Weise zu machen, daß die Teile im Ofen stehend angewärmt werden und über eine schräge Bahn vom Ofen der Presse zurollen.

Abb. 32. Revolverpresse mit Walzenvorschub.

Bei sehr dünnen Blechen wird — allerdings nur bei flachen Gegenständen — auch vielfach so gearbeitet, daß eine Anzahl von Blechscheiben aufeinandergelegt und gleichzeitig gezogen wird. Wenn es auf die Dimensionen dabei nicht besonders genau ankommt, hat dieses Verfahren sogar in manchen Fällen einen Vorteil, weil die Beanspruchung des Materials geringer ist.

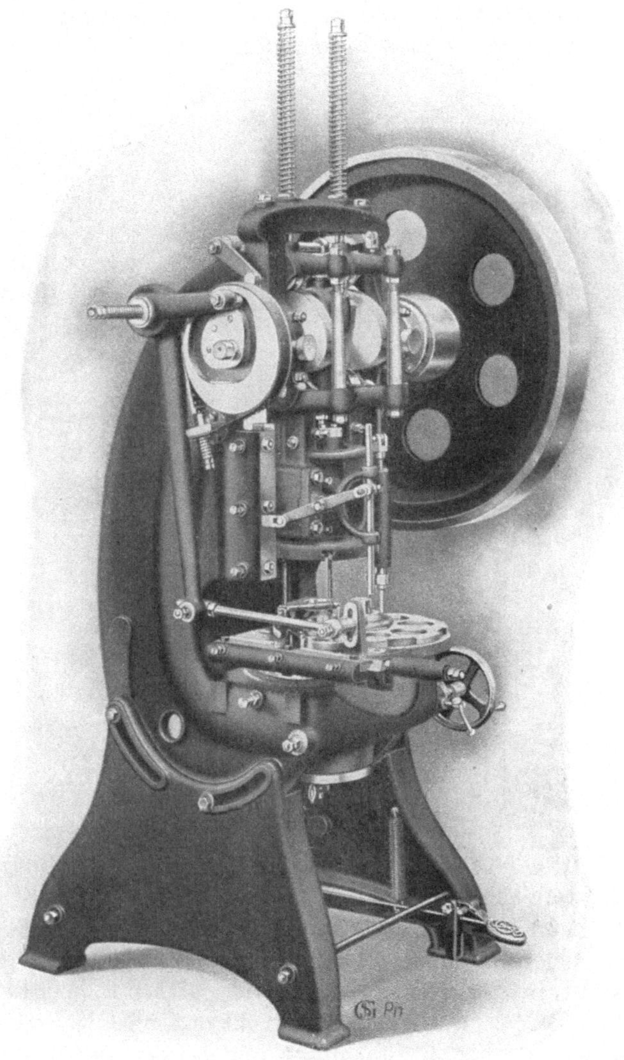

Abb. 33. Revolverpresse.

An sich ist das Ziehverfahren durchaus nicht etwa immer die billigste Herstellungsweise und in sehr vielen Fällen, wo Ziehkörper verwendet werden, ist es vorteilhafter, diese durch nach anderem Verfahren hergestellte Körper zu ersetzen, namentlich unter Verwendung des Falzens, Punktschweißens und Nahtschweißens. Die Ersparnis liegt dabei nicht nur in der Vermeidung der Anfertigung kostspieliger Werkzeuge, der Anwendung teurer Maschinen und der Aufwendung von Löhnen, sondern auch in der großen Ersparnis an Material und der Möglich-

Abb. 34. Mehrstößelpresse.

keit der Verwendung weniger teueren Materials z. B. von Falzblech anstatt Tiefstanzbleches.

Abb. 36 zeigt z. B. einen Lampenkörper, der in dem einen Fall aus einem gezogenen zylindrischen Teil und einer aufgesetzten gezogenen Kappe besteht, in dem anderen Fall aus der gleichen Kappe, aber einem zylindrischen Teil, der aus Falzblech gerollt und durch Nahtschweißung verbunden ist. Bei der Ausführung a und bei der Ausführung b sind bei einer bestimmten Anzahl erforderlich:

	Ausführung a	Ausführung b
	kg	kg
Tiefstanzblech	203	100
davon Abfall	54.5	20
Falzblech	—	75,6
davon Abfall	—	5

Abb. 35. Mehrfachpresse.

In den folgenden Abbildungen werden eine Anzahl besonders inter-
essanter Teile, die nach dem Ziehverfahren hergestellt sind, gezeigt.

Abb. 37. Die 8 Arbeitsgänge
einer rechteckigen Hülse, ausgehend von einem runden Hut.

Abb. 38. Die 4 Arbeitsgänge
einer Schutzhaube mit dem Zuschnitt.

Abb. 39. Die Herstellung einer
Doppelhülse. Die auf. dem Zuschnitt angerissenen Koordinaten
zeigen bei den weiteren Arbeitsgängen den Verlauf der Materialverschiebung.

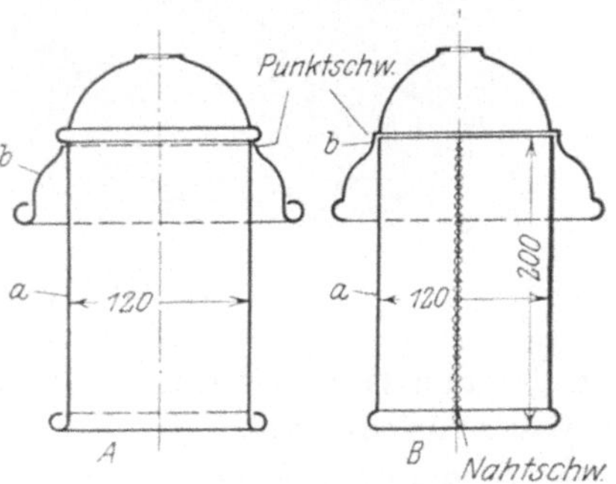

Abb. 36.   Gehäuse.

Abb. 40. Zuschnitt und die 8 Arbeitsgänge einer runden Hülse mit
2 Abflachungen.

Abb. 41. Fabrikationsgang einer Zündladungskapsel mit einem in
der Mitte befindlichen dicken Boden. Diese Kapsel wird aus einer

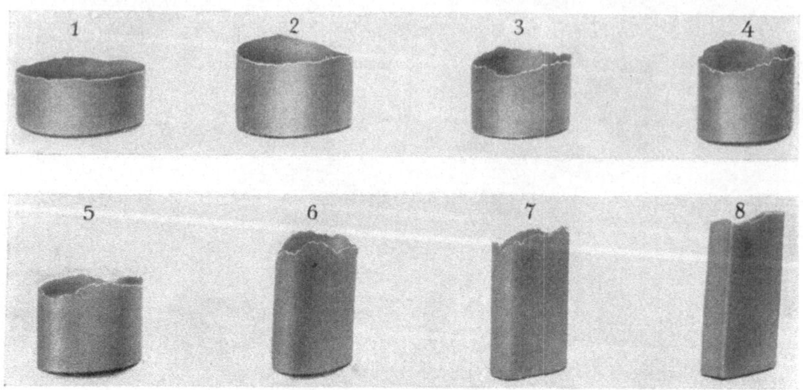

Abb. 37. Rechteckige Hülse, 8 Gänge.

dicken Scheibe hergestellt, die zunächst auf der Drehbank einen Einschnitt erhält, so daß also zwei Scheiben entstehen, die in der Mitte

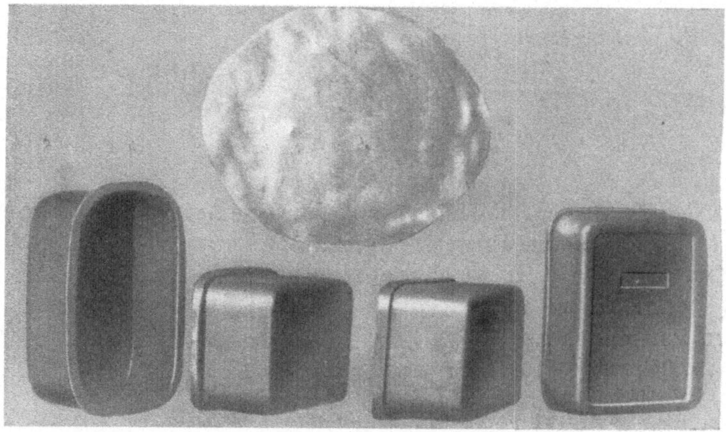

Abb. 38. Rechteckige Haube, 4 Gänge.

durch einen Hals verbunden sind. Dieser Hals hat ungefähr den Durchmesser, den die fertige Hülse haben soll. Das Ziehen erfolgt mittels
eines zangenartigen Werkzeuges, das jeweils den Hals umfaßt und jedesmal in zwei Arbeitsgängen für je eine Hälfte benutzt wird.

Die Formgebung für den Zuschnitt ist bei unregelmäßig geformten Teilen verhältnismäßig schwierig. Vergleicht man z. B. die Material-

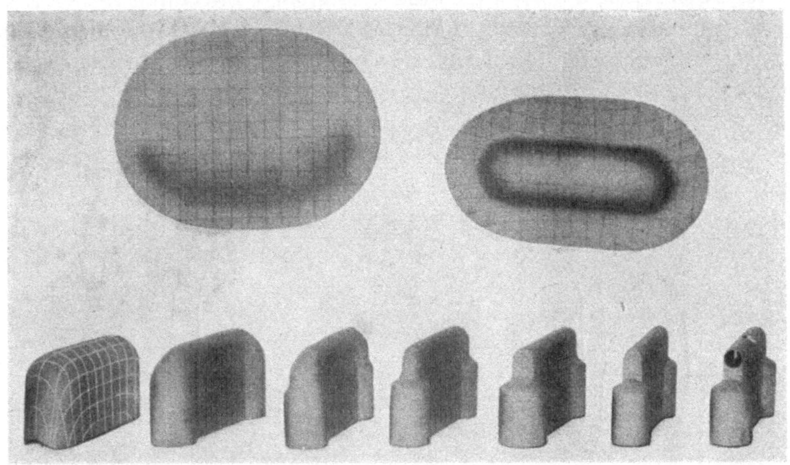

Abb. 39. Doppelhülse.

Abb. 40. Hülse mit Abflachung.

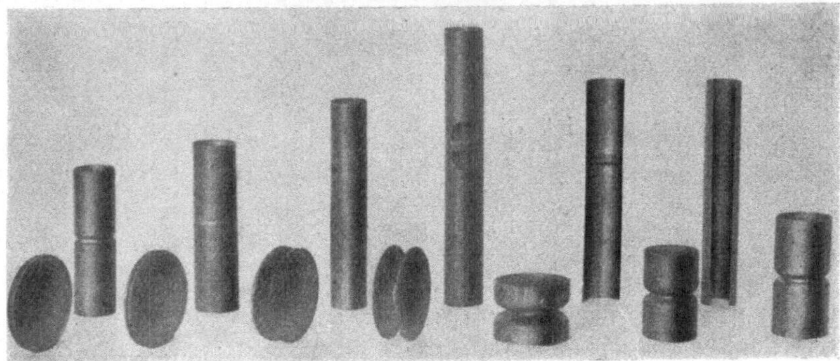

Abb. 41. Doppelhülse.

verschiebung einer rechteckigen Kappe mit abgerundeten Ecken mit derjenigen eines einfachen Rotationskörpers, so ergibt sich, daß die

Verschiebung an den Seiten ganz anders verläuft, wie an den abgerundeten Ecken. An diesen letzteren folgt sie den Gesetzen für den
Rotationskörper, d. h. es wird eine viel größere Streckung in der Länge
stattfinden, während etwa in der Mitte der Rechteckseiten gar keine
Längenverschiebung, sondern nur eine einfache Umbiegung stattfindet.

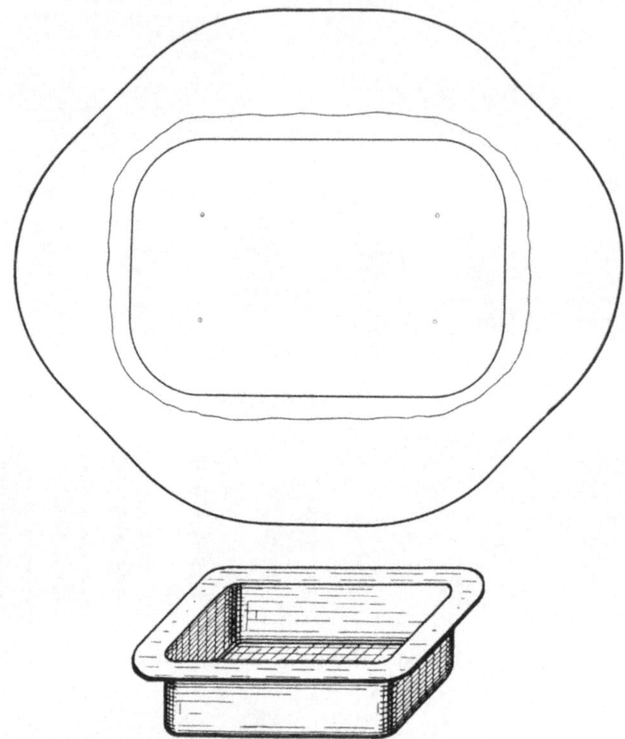

Abb. 42. Zuschnitt für rechteckige Körper.

Dementsprechend ist die Grundform des Zuschnittes für eckige
Körper ein der Eckenzahl des Körpers entsprechendes Vieleck, mit je
nach der Höhe des Körpers mehr oder weniger abgerundeten Ecken.
Abb. 42 stellt eine in einem Zuge gezogene Schutzkappe mit ihrem Zuschnitt dar[1]).

Die für die Ziehverfahren hauptsächlich in Betracht kommenden
Materialien sind Eisen bzw. Stahl, Messing, Kupfer und Aluminium.
Die wenigsten Schwierigkeiten bietet die Verarbeitung von Messing-

---

[1]) Die Regeln für die Bestimmung des Zuschnittes sind ausführlich behandelt in
dem Buche von Kaczmarek: „Die moderne Stanzerei“, 2. Aufl. Berlin: Julius
Springer 1925.

blech. Für die aus Eisen zu fertigenden Teile werden besondere Blech-
qualitäten entsprechend den an das Material gestellten Anforderungen
(Tiefziehblech) hergestellt. Der Preis ist verhältnismäßig hoch und infolgedessen, sowie mit Rücksicht auf die Herstellungskosten der Werkzeuge ist die Herstellung von Teilen nach dem Ziehverfahren, wenn auch
die technisch vollkommenste, doch nicht immer die wirtschaftlichste
(siehe S. 143).

Durch die beim Ziehen im Innern des Materials auftretenden Vorgänge wird dasselbe hart und spröde, und es ist daher nötig, es zwischen
den einzelnen Ziehvorgängen durch Ausglühen wieder weich zu machen.
Dies geschah früher meist in offenen Öfen, teilweise unter Einpacken
der Werkstücke in geschlossene Glühkästen. In neuerer Zeit verwendet
man besonders konstruierte Glühöfen, um jede Oxydation des Materials
nach Möglichkeit zu vermeiden.

Der sich beim Glühen bildende Glühspan ist natürlich der größte
Feind der Werkzeuge und bedingt deren baldiges Ausschleifen, zumal
ja die Werkzeuge für größere Dimensionen fast ausschließlich aus Gußeisen hergestellt werden. Er wird bei der Verarbeitung von Messing und
teilweise auch bei der von Eisen durch nachheriges Beizen entfernt. Vielfach wird auch die eigentliche Ziehkante des Werkzeuges durch einen
aus Spezialstahl besonders hergestellten und auswechselbaren Ziehring
gebildet.

Ehrhardtsches Ziehverfahren.

Während bei den obenbeschriebenen Ziehverfahren im wesentlichen immer das Material in der Länge verschoben wurde, ist noch
eines anderen Ver-
fahrens Erwähnung
zu tun, bei welchem
diese Verschiebung
allseitig erfolgt, das
Ehrhardtsche Zieh-
verfahren.

In eine runde
Matrize (Abb. 43)
wird ein volles
vierseitiges Prisma
mit abgerundeten
Ecken eingeführt
und dann in dieses

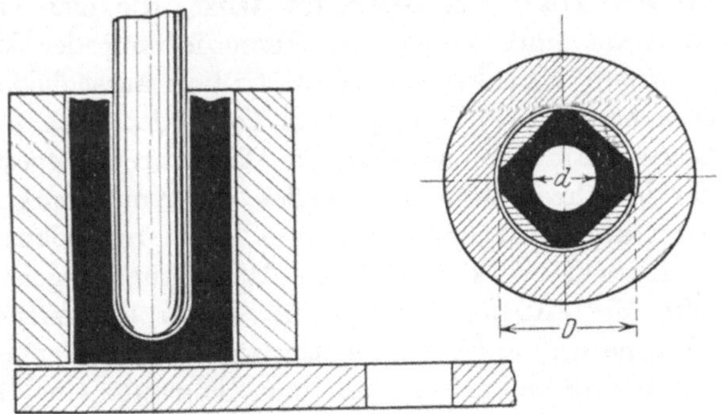

Abb. 43. Ehrhardtsches Ziehverfahren.

volle Material ein Stempel hineingepreßt. Das Material wird zunächst
nach den Seiten verdrängt, bis es den Raum der Matrize vollständig ausfüllt und steigt dann unter Verlängerung der Höhe des Prismas aufwärts. Macht man die untere Abschlußplatte der Matrize verschiebbar

in der Weise, daß nach der Verschiebung sich unterhalb des Stempels ein Loch in der Bodenplatte befindet, so wird das Loch durchgestoßen, auf diese Weise erhält man rohrförmige Hohlkörper.

Bei dieser großen Materialverschiebung ist es natürlich, daß die Verarbeitung nur im warmen Zustande erfolgen kann. Nach dem Ehrhardtschen Verfahren werden namentlich große Hohlkörper ausgeführt. Sie dienen als Ausgangsform für die Herstellung größerer und namentlich starkwandiger Arbeitsstücke. So werden insbesondere nach diesem Verfahren die bekannten Stahlflaschen für komprimierte Gase hergestellt.

Bei dem erforderlichen großen Druckaufwand kommt man natürlich hier mit den obenbeschriebenen Ziehpressen nicht aus; man benützt dazu ausschließlich hydraulische Pressen, sowohl für die Herstellung des Ausgangskörpers wie auch für das Weiterziehen.

III. Andere Verfahren zur Herstellung runder Hohlkörper.

Während beim Ziehverfahren die Formänderungsarbeit in bestimmter Höhe des Werkzeuges an sämtlichen Punkten des Umfangs angreift, gibt es noch einige andere Formgebungsverfahren, bei denen die Formänderung nur an einer Stelle bei rotierendem Werkstücke erfolgt. Diese Verfahren sind das Treiben, das Drücken und das Planieren. Das Treiben, ein heute — abgesehen von den rein handwerksmäßigen und künstlerischen Verwendungszwecken — verhältnismäßig selten angewandtes Verfahren, besteht darin, daß eine Platte unter gleichzeitigem Drehen auf dem sogenannten Treibstock mit Schlägen eines balligen Hammers bearbeitet wird, die eine örtliche Streckung des Materials und damit eine Verschiebung der Materialteile bedingen. Kupferne Kochkessel wurden früher ausschließlich und werden wohl auch heute noch zum großen Teil mittels eines mechanisch angetriebenen Hammers nach diesem Verfahren hergestellt. Im übrigen ist das Verfahren ein rein manuelles, zwar mit geringem Werkzeugaufwand, dafür aber mit um so höherem Zeit- und Lohnaufwand durchführbar.

Beim Drücken wird das Werkstück gegen ein rotierendes Holz- oder Metallfutter, welches die Form des fertigen Werkstückes hat, eingespannt, entweder indem durch ein in der Mitte des Werkstückes angebrachtes Loch mittels einer Schraube eine Gegendruckscheibe das Werkstück auf dem Futter festzieht, oder indem mittels eines Reitstockes eine Gegendruckscheibe, die mitrotieren kann, gegen das Werkstück angepreßt wird. Der Drücker „drückt" dann mittels verschiedener Werkzeuge, die meist die Form einer in einer Gabel rotierenden harten Stahlrolle haben, von der Mitte ausgehend, das Material gegen das Futter, indem er den Hebel der Druckrolle gegen in die Anlageleiste gesteckte Stifte abstützt. Dabei wird örtlich das Material zwischen

Futter und Druckrolle sozusagen gewalzt, also gestreckt und die Materialteile werden nach außen verschoben. Die Arbeit des Drückens erfordert große Geschicklichkeit und Erfahrung und dabei sehr große Körperkraft.

In der Geschirrfabrikation wird meistens eine etwas andere Form des Drückens ausgeübt, nämlich das Planieren. Hierbei ist die Druckrolle in einem Kreuzsupport eingespannt, dessen Schlitten leicht beweglich sind. Der Planierer drückt die Druckrolle mittels der Spindeln des Supportes an das Material an und folgt durch Vor- und Rückwärts-

Abb. 44. Planierbank.

bewegung der beiden Supportspindeln der Form des Futters, so daß das Werkstück nach und nach diese Form annimmt. Abb. 44 zeigt eine Planierbank.

In der Berliner Metallindustrie ist die Planierarbeit verhältnismäßig selten anzutreffen. Dagegen hat in den letzten Jahren ein Verfahren Eingang gefunden, das sozusagen ein Mittelding zwischen Planieren und Drücken ist. Hierbei wird die Druckrolle zwar nicht in einem Support eingespannt, aber mittels eines verhältnismäßig langen Hebels um einen verstellbaren Drehpunkt schwenkbar gemacht, so daß der Gegendruck, der sonst zum größten Teil vom Körper des Drückers aufgenommen wird, nunmehr an einen festen Stützpunkt verlegt wird und außerdem zwischen Hand und Werkzeug eine größere Hebelübersetzung eingeschaltet ist.

Auf der Planierbank können Hohlkörper auch von innen ausgebaucht werden, indem auf einem zweiten Support vor dem Werkstück

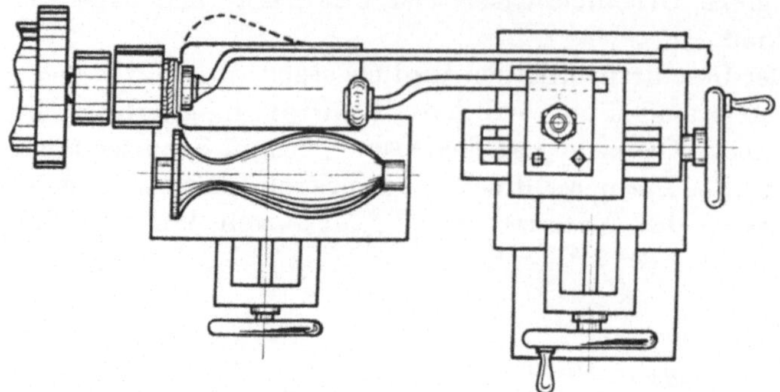

Abb. 45.   Ausbauchen.

eine, die negative Form der Ausbauchung zeigende Formrolle angebracht ist, gegen welche von innen mittels der Druckrolle das Material herangearbeitet wird (Abb. 45).

IV. Hydraulische Ziehverfahren.

Zum Schluß sei noch auf die hydraulischen Ziehverfahren hingewiesen. Bringt man (Abb. 46) eine Blechplatte in ein Werkzeug, das auf der einen Seite eine Form für einen Hohlkörper darstellt und auf der anderen Seite unter den Druck einer Flüssigkeitssäule gesetzt werden kann, so wirkt die Flüssigkeit wie ein Ziehstempel, der die Gegenform der Matrize annimmt und das Material allseitig an das Werk-

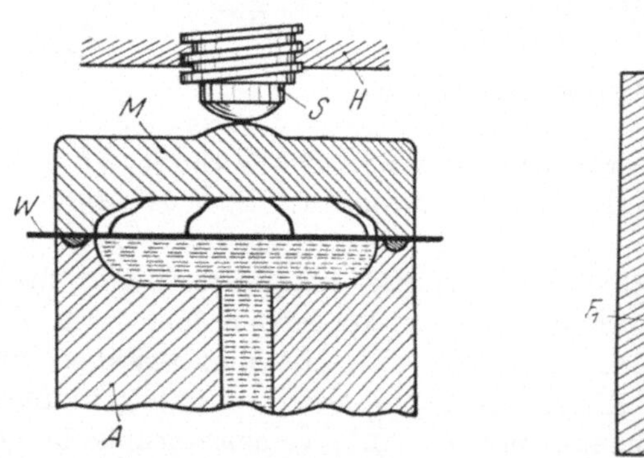

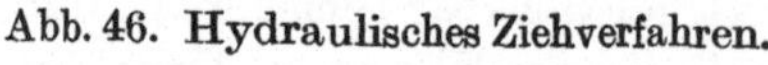

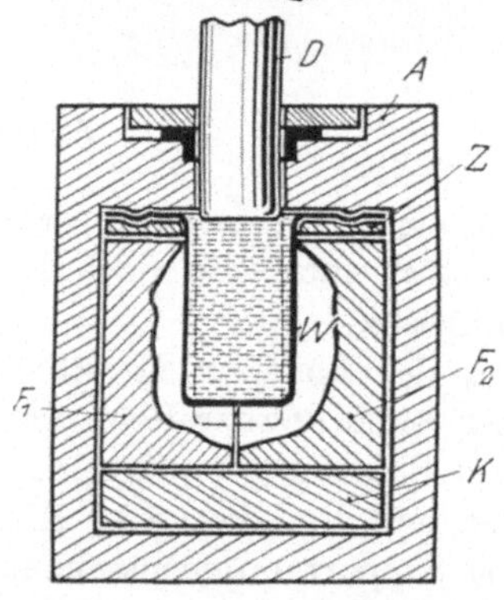

Abb. 46. Hydraulisches Ziehverfahren.   Abb. 47. Hydraulisches Ziehverfahren.

stück anpreßt. Dabei dient die Matrize gleichzeitig als Faltenhalter. Anstatt den Flüssigkeitsdruck von einem besonderen Kompressor zu nehmen, kann man auch den Druck im Werkzeug selber erzeugen, indem man die Flüssigkeit durch einen von einer normalen Presse angetriebenen Stößel verdrängen läßt. Ein solches Werkzeug ist in Abb. 47 dargestellt. Hierbei ist gleichzeitig gezeigt, wie man auf diese Weise unregelmäßige gebauchte Hohlkörper herstellen kann, die nach dem üblichen Ziehverfahren nicht herstellbar sind. In den Körper A des Werkzeuges wird die geteilte Form F_1 F_2, mit der Platte Z, in die vorher der mit Öl gefüllte vorgezogene Hohlkörper W eingesetzt worden ist, seitlich eingeschoben. Durch einen Keil K werden die beiden Hälften der Matrize nach oben getrieben und dabei der Rand des Werkstückes zwischen der Platte Z und dem Körper A festgeklemmt. Durch eine abgedichtete Führung des Werkzeuges tritt der Stempel D ein, der nun seinen Druck mittels des Öles auf die Wandungen des Hohlkörpers überträgt und diese an die Wand der Matrize anpreßt, sodaß sie deren Form annehmen. Nach Entfernen des Keiles können die Matrizenteile F_1 F_2 seitlich herausgezogen und die fertigen Werkstücke entfernt werden.

Beim Huberschen Ziehverfahren werden die (geteilten) Formen F mit den Werkstücken S in die Preßflüssigkeit eingebracht, die von allen Seiten („allseitige Pressung im Raum") also einerseits auf die Wandungen des Werkstückes von innen drückt und diese letzteren an die Form anpreßt, während als Gegendruck die Flüssigkeit von außen auf die Form wirkt. Der Raum zwischen Werkstück und Werkzeug muß natürlich gut abgedichtet und möglichst auch luftleer sein.

Schriften der Arbeitsgemeinschaft Deutscher Betriebsingenieure

Band I: Der Austauschbau und seine praktische Durchführung. Bearbeitet von zahlreichen Fachleuten. Herausgegeben von Dr.-Ing. **Otto Kienzle.** Mit 319 Textabbildungen und 24 Zahlentafeln. (328 S.) 1923.
Gebunden RM 8.50

Band II: Lehrbuch der Vorkalkulation von Bearbeitungszeiten. Von **Kurt Hegner,** Oberingenieur der Ludw. Loewe & Co. A.-G., Berlin. Erster Band. Systematische Einführung. Mit 107 Bildern. (198 S.) 1924.
Gebunden RM 14.—

Band III: Spanabhebende Werkzeuge für die Metallbearbeitung und ihre Hilfseinrichtungen. Bearbeitet von zahlreichen Fachleuten. Herausgegeben von Dr.-Ing. e. h. **J. Reindl,** Techn. Direktor bei Schuchardt & Schütte A.-G. Mit 574 Textabbildungen und 7 Zahlentafeln. (466 S.) 1925.
Gebunden RM 28.50

Technisches Hilfsbuch. Herausgegeben von **Schuchardt & Schütte.**
Sechste Auflage. Mit 500 Abbildungen und 8 Tafeln. (490 S.) 1923.
Gebunden RM 6.50

Einführung in die Organisation von Maschinenfabriken
unter besonderer Berücksichtigung der Selbstkostenberechnung. Von Dipl.-Ing. **Friedrich Meyenberg,** Berlin. Dritte, umgearbeitete und stark erweiterte Auflage. (384 S.) 1926.
Gebunden RM 18.—

Fabrikorganisation, Fabrikbuchführung und Selbstkostenberechnung der Ludw. Loewe & Co. A.-G., Berlin.
Mit Genehmigung der Direktion zusammengestellt von **J. Lilienthal.** Dritte, von **Wilhelm Müller** revidierte und ergänzte Auflage. Mit einem Geleitwort von Prof. Dr.-Ing. **G. Schlesinger,** Berlin. Mit 133 Formularen. (210 S.) 1925.
Gebunden RM 18.—

Taschenbuch für den Fabrikbetrieb. Bearbeitet von zahlreichen
Fachleuten. Herausgegeben von Prof. **H. Dubbel,** Ingenieur, Berlin. Mit 933 Textfiguren und 8 Tafeln. (890 S.) 1923.
Gebunden RM 12.—

Industriebetriebslehre. Die wirtschaftlich-technische Organisation
des Industriebetriebes mit besonderer Berücksichtigung der Maschinenindustrie. Von Prof. Dr.-Ing. **E. Heidebroek,** Darmstadt. Mit 91 Textabbildungen und 3 Tafeln. (291 S.) 1923.
Gebunden RM 17.50

Die Werkzeuge und Arbeitsverfahren der Pressen.
Von Oberingenieur Prof. Dr. techn. **Max Kurrein,** Berlin. Völlige Neubearbeitung des Buches "Punches, dies and tools for manufacturing in presses" von Joseph V. Woodworth. Zweite, völlig neubearbeitete Auflage. Mit 1025 Textabbildungen, 49 Tabellen und einer Tafel. Frscheint im April 1926.

Schmieden und Pressen.
Von **P. H. Schweißguth,** Direktor der Teplitzer Eisenwerke. Mit 236 Textabbildungen. (114 S.) 1923. RM 4.—

Freiformschmiede.
Von **P. H. Schweißguth.** Erster Teil: Technologie des Schmiedens. Rohstoff der Schmiede. Mit 225 Textfiguren. 72 S.) 1922.
Zweiter Teil: Einrichtungen und Werkzeuge der Schmiede. Mit 128 Textfiguren. (74 S.) 1923. (Heft 11 und 12 der „Werkstattbücher".) Je RM 1.50

Die Berechnung des Werkstoffverbrauches bei gestanzten, gezogenen und gedrehten Gegenständen im Bereich der Metallindustrie.
Von **Leonhard Glück,** Ingenieur. Mit 125 Textabbildungen und 10 Zahlentafeln. (96 S.) 1923.

RM 3.20; gebunden RM 4.—

Die moderne Stanzerei.
Ein Buch für die Praxis mit Aufgaben und Lösungen. Von Ing. **Eugen Kaczmarek.** Zweite, vermehrte und verbesserte Auflage. Mit 116 Textabbildungen. (154 S.) 1925.

RM 7.20; gebunden RM 8.10

Praktisches Handbuch der gesamten Schweißtechnik.
Von Prof. Dr.-Ing. **P. Schimpke,** Chemnitz und Oberingenieur **Hans A. Horn,** Oberfrohna i. S.
Erster Band: **Autogene Schweiß- und Schneidtechnik,** Mit 111 Abbildungen und 3 Zahlentafeln. (141 S.) 1924. Gebunden RM 6.90
Zweiter Band: **Elektrische Schweißtechnik.** Mit 255 Textabbildungen und 20 Zahlentafeln. Erscheint im April 1926·

Ⓦ Das autogene Schweißen und Schneiden mit Sauerstoff.
Handbuch zum Studium, zur Einrichtung und zum Betrieb von Sauerstoff-Metallbearbeitungs-Anlagen. Von Ing. **Felix Kagerer.** Dritte, verbesserte und erweiterte Auflage. Mit 127 Abbildungen und 15 Tabellen. (278 S.) 1923. (Technische Praxis Bd. I.) Pappband gebunden RM 3.—
Ging Ende 1924 von der Waldheim Eberle A.-G. (Wien) in meinen Verlag über.

Die Gewinde.
Ihre Entwicklung, ihre Messung und ihre Toleranzen. Im Auftrage der Firma Ludw. Loewe & Co. A.-G., Berlin, bearbeitet von Prof. Dr. **G. Berndt,** Dresden. Mit 395 Abbildungen im Text und 287 Tabellen. (673 S.) 1925. Gebunden RM 36.—

Die mit Ⓦ bezeichneten Werke sind im Verlage von Julius Springer in Wien erschienen.